NOUVEAU CATÉCHISME

D'AGRICULTURE

860 QUESTIONS SIMPLES ET FACILES

A L'USAGE DES ÉCOLES PRIMAIRES

PAR

A. DUPUIS

Ancien professeur à l'Institut agricole de Grignon,
membre de plusieurs sociétés d'Agriculture.

Ouvrage illustré de 12 gravures.

PARIS

Anciennes Maisons Larousse et Boyer

Vve P. LAROUSSE et Cie, IMPRIMEURS-ÉDITEURS

49, RUE SAINT-ANDRÉ-DES-ARTS, 49

COMPTABILITÉ AGRICOLE ;Notions pratiques, à l'usage des écoles, des
cultivateurs et des propriétaires; par J. SCHNEIDER. Vol. in-12. 1 fr.
PARTAGE DES TERRAINS ou GÉODÉSIE AGRAIRE, (contenant :
1° la méthode simple, claire, rigoureuse, pour diviser toute espèce de
bien rural; 2° la partie législative : procès-verbaux, bornages, exper-
tises, etc., à l'usage des instituteurs et des géomètres; par J. Décousu,
professeur. — Vol. in-12, broché........................... 1 fr. 50

NOUVEAU

CATÉCHISME D'AGRICULTURE

860 QUESTIONS SIMPLES ET FACILES

A L'USAGE DES ÉCOLES PRIMAIRES

PAR

A. DUPUIS

Ancien professeur à l'Institut agricole de Grignon,
membre de plusieurs sociétés d'Agriculture.

Ouvrage illustré de 12 gravures.

8ᵉ ÉDITION

PARIS

Anciennes Maisons Larousse et Boyer

Vᵉ P. LAROUSSE ᴇᴛ Cⁱᵉ, IMPRIMEURS-ÉDITEURS

49, RUE SAINT-ANDRÉ-DES-ARTS, 49

PRÉFACE

Tous les esprits éclairés s'accordent aujourd'hui à reconnaître que, pour propager dans nos campagnes les bonnes doctrines agricoles, il importe d'appeler sur ce sujet l'attention des jeunes gens qui fréquentent les écoles primaires. De là l'utilité des livres élémentaires, composés pour eux, et notamment de ceux dont les auteurs ont adopté la forme, éminemment pédagogique, par demandes et par réponses.

Depuis le *Catéchisme d'Agriculture* publié par Meyer, en 1770, il a paru bien des ouvrages sous ce titre ou sous des titres analogues. Mais, tout en rendant justice à la bonne volonté et souvent aussi au savoir réel des écrivains, disons que bien peu de ces livres nous paraissent réunir les qualités nécessaires pour l'objet auquel ils sont destinés.

Les uns, en effet, ne sont pas assez mis à la portée des jeunes intelligences; d'autres n'étudient que les cultures d'une région restreinte; d'autres enfin, écrits par des personnes étrangères à l'Agriculture, pèchent par le défaut de méthode, et présentent des lacunes et des erreurs regrettables.

Nous avons donc pensé qu'il y avait place pour un *Nouveau Catéchisme d'Agriculture,* dans lequel on éviterait les défauts que nous venons de signaler. Nous avons cherché avant tout l'exactitude, la clarté, la précision, qui seules permettent aux jeunes élèves de comprendre et de retenir les explications.

Nous avons tenu à être aussi complet que possible, et à ne laisser de côté aucune des branches importantes de la grande industrie agricole, dont plusieurs contribuent puissamment à la richesse nationale. C'est dans ce but que nous avons consacré quelques pages aux plantes médicinales, aux arbres industriels et forestiers, aux chiens d'utilité, à la basse-cour, à la pisciculture, etc. Notre programme est d'ailleurs disposé de manière à permettre à l'instituteur d'insister plus longuement sur les cultures qui occupent une plus large place dans telle ou telle région agricole. Telles seront, suivant le cas, les vignes, les forêts, les céréales, les plantes fourragères, les prairies, les cultures industrielles, ou bien encore l'éducation des abeilles ou des vers à soie.

Faire un travail à la fois sérieux dans le fond et élémentaire dans la forme n'est pas chose aisée, on le sait. Nous ne nous sommes pas dissimulé toutes les difficultés de notre tâche, et, si nous l'avons entreprise, c'est que nous nous y sentions, d'une part préparé par une longue pratique de l'enseignement et de la littérature agricoles ; de l'autre, encouragé et soutenu par l'approbation et les conseils de juges compétents sur cette matière.

Espérons donc que ce petit livre pourra être de quelque utilité aux instituteurs et à leurs élèves, qu'il les guidera dans une bonne voie, et leur permettra d'aborder plus tard avec succès des études agricoles plus relevées.

NOUVEAU
CATÉCHISME D'AGRICULTURE

I. Introduction.

1. Qu'est-ce que l'*Agriculture?*

L'agriculture est l'art de travailler ou de cultiver la terre, de manière à lui faire produire les plantes qui servent à notre nourriture ou à nos industries.

2. La terre a donc besoin pour cela du travail de l'homme?

La terre, abandonnée à elle-même, produit, il est vrai, des végétaux de toute sorte ; mais, en la cultivant ou en la travaillant, on augmente la quantité et la qualité de cette production.

3. Qu'appelez-vous *végétaux?*

On comprend sous ce nom les arbres, les arbustes et les herbes.

4. Comment entendez-vous que la terre produit des végétaux?

Cela ne veut pas dire que la terre *produit* ou *crée* par elle-même ces végétaux ; mais qu'elle favorise le développement et la croissance des graines ou des germes qui y sont déposés par les vents, par les animaux, par l'homme lui-même ou par d'autres causes.

5. Pourquoi donc travaille-t-on la terre?

C'est précisément pour la mettre dans l'état qui peut le mieux favoriser la végétation.

6. Qu'appelez-vous *végétation?*

On entend par ce mot le développement et la **crois-**sance des végétaux.

7. Qu'entendez-vous par *culture?*

C'est l'ensemble des travaux pratiqués sur le sol et sur les végétaux qu'on lui fait produire.

8. Quelles sont les parties des végétaux?

Ce sont les tiges, les racines, les bourgeons, les feuilles, les fleurs, les fruits, les graines, etc.

9. Les végétaux sont-ils les seuls produits de l'agriculture?

Non, une bonne agriculture doit s'occcuper aussi des animaux domestiques.

10. On ne peut pourtant pas dire que les animaux domestiques soient des produits du sol?

Non, sans doute; mais ces animaux ne peuvent être élevés et nourris avec succès qu'au moyen des plantes produites par l'agriculture.

11. Les animaux domestiques rendent-ils quelques services à l'homme en échange de la nourriture et des soins qu'ils en reçoivent?

Oui, ils l'aident dans ses travaux, ou bien ils lui fournissent de la viande, du lait, des œufs, de la laine et bien d'autres produits.

12. Est-ce là le seul service qu'ils rendent?

Non, les animaux fournissent encore divers engrais, notamment le fumier, dont l'agriculteur ne saurait se passer.

13. Quelles sont donc les grandes divisions de l'agriculture?

D'après ce que nous venons de dire, on peut en distinguer trois, qui sont : le sol, les plantes, et les animaux.

PREMIÈRE PARTIE

SOLS

II. Sols en général.

14. Qu'entendez-vous par *sol*, en agriculture?

Le sol est la couche extérieure et superficielle du globe que nous habitons, celle dans laquelle s'exerce l'action des travaux agricoles.

15. Comment le sol influe-t-il sur la végétation?

De deux manières : d'une part, il fournit aux plantes un support ou une assiette solide; de l'autre, il renferme les principes ou les éléments qui servent à nourrir ces plantes.

16. Comment la terre peut-elle nourrir les plantes?

Les plantes ont de nombreuses racines qui puisent ou pompent dans la terre les aliments qu'elle renferme, lorsqu'ils sont dissous ou fondus dans l'eau.

17. Est-ce seulement dans le sol que les plantes trouvent leur nourriture?

Non, les végétaux se nourrissent aussi, en tout ou en partie, aux dépens de l'air, et cela par le moyen de leurs feuilles.

18. L'eau ne contribue-t-elle pas aussi à nourrir les plantes, et comment?

L'eau sert à dissoudre ou à fondre les matières solides que contient le sol; en outre, elle renferme presque toujours elle-même des matières que les plantes absorbent par leurs racines.

19. Le sol est-il partout le même ?

Non ; sa nature, sa composition, ses qualités varient d'un endroit à l'autre.

20. Est-il nécessaire d'étudier la nature et les qualités des différents sols ?

Sans doute, car chaque nature de sol convient mieux à telle ou telle plante.

21. Qu'y a-t-il à étudier dans un sol ?

D'abord, sa nature ou sa composition ; puis ses qualités physiques, telles que sa profondeur, sa ténacité, sa position, et enfin la nature du sous-sol.

22. Qu'est-ce que le *sous-sol* ?

C'est la couche qui s'étend au-dessous de la terre *arable* ou labourable.

23. Qu'appelle-t-on *terre arable* ?

On appelle ainsi la couche que peuvent atteindre les labours et les autres opérations culturales.

24. Est-il nécessaire de diriger convenablement la culture du sol ?

Oui, et pour cela il faut combiner les opérations et le choix des plantes cultivées, de manière à obtenir du sol les meilleurs et les plus grands produits possibles.

25. Un sol cultivé pendant de longues années ne finit-il pas par s'épuiser ?

Non, si l'on a soin de diriger la culture de manière à entretenir et à augmenter sa fécondité ; c'est même là un point que l'on ne doit jamais perdre de vue dans toute entreprise agricole.

III. Nature des sols.

26. De quoi dépend la nature des sols ?

Elle dépend surtout des matières ou éléments qui les

composent, et de la proportion dans laquelle ils s'y trouvent mélangés.

27. Expliquez cela par un exemple.

Deux sols composés d'argile et de sable peuvent être de nature très différente, si l'un contient beaucoup d'argile et peu de sable, et l'autre beaucoup de sable et peu d'argile.

28. Que faut-il donc faire pour reconnaître la nature d'un sol?

Il faut savoir d'abord quelles sont les matières dont il se compose, puis les proportions de ces matières.

29. Quels sont les éléments essentiels des sols?

Il y en a quatre principaux : le calcaire, l'argile, le sable ou silice et l'humus ou terreau.

30. Y a-t-il encore d'autres éléments?

Oui, on trouve dans le sol la potasse, la soude, la magnésie, le fer, le soufre, le phosphore, etc.

31. Quelle est l'importance de ces derniers ?

Moins abondants que les autres, ils exercent néanmoins beaucoup d'influence sur la végétation.

32. Existe-t-il des sols composés d'un seul des éléments que vous venez de nommer?

Cela n'arrive que très rarement ; dans la plupart des cas, le sol se compose de deux ou plusieurs de ces éléments, en proportion variable.

33. Quel est l'avantage de ces mélanges?

C'est que les défauts des éléments qui les composent se corrigent mutuellement.

34. Comment peut-on caractériser un sol?

Par le nom de l'élément qui s'y trouve le plus abondant ; ainsi on dira : un sol *calcaire*, un sol *argileux*, un sol *siliceux*, etc.

35. Et si deux de ces éléments s'y trouvent en assez forte proportion?

On réunit alors les deux qualificatifs, de manière à

1.

faire un adjectif composé; ainsi on dit : un sol *argilo-siliceux* ou *calcaréo-argileux*.

36. Il peut donc y avoir beaucoup de natures de sols?

Oui, la variété en est presque infinie.

37. Est-il nécessaire de les caractériser toutes?

Non, il suffit, pour l'agriculture, de les ramener à un certain nombre de types principaux.

38. Quel est en général le meilleur sol ?

C'est celui qui est composé, par parties égales, de calcaire, d'argile et de sable, et qui renferme en outre une grande proportion d'humus.

39. Ce sol n'a-t-il pas un nom particulier?

Oui, on l'appelle *terre franche*.

40. Comment peut-on diviser les sols, d'après la nature de l'élément qui y domine ?

En quatre groupes principaux, qui sont les sols calcaires, argileux, siliceux et humifères, et qui se subdivisent à leur tour en groupes secondaires.

IV. Sols calcaires.

41. Qu'est-ce que le *calcaire* ou pierre à chaux ?

C'est une terre composée de chaux et d'acide carbonique. Elle varie beaucoup dans son aspect extérieur. La craie, le tuf, le marbre, l'albâtre, la pierre de taille, le moellon, etc., sont autant de variétés du calcaire.

42. Comment reconnaît-on le calcaire?

En versant dessus un peu de vinaigre, on remarque une sorte d'ébullition ou d'effervescence. En le calcinant fortement, on obtient de la chaux pour produit.

43. Qu'appelle-t-on *sols calcaires*?

Ce sont les sols qui contiennent du calcaire en grande proportion.

44. Quels sont les caractères de ces sols?

Ils ont ordinairement une couleur claire ou blanchâtre; ils sont peu tenaces et se divisent aisément en petits morceaux. Généralement secs et arides, ils se délaient facilement dans l'eau, deviennent plus ou moins boueux par les pluies, et adhèrent ou s'attachent aux pieds ou aux instruments aratoires, mais moins que les sols argileux.

45. Comment la sécheresse agit-elle sur ces sols?

Ils se dessèchent et se prennent à la surface en une croûte très fragile, mais qui ne se laisse pénétrer ni par l'air ni par les pluies. Ils deviennent d'ailleurs assez difficiles à travailler.

46. Comment les engrais s'y comportent-ils?

Les engrais s'y décomposent rapidement.

47. Comment la chaleur agit-elle sur ces sols?

Elle les pénètre très lentement, et produit à la surface une forte réverbération.

48. Comment les gelées agissent-elles sur eux?

Ces sols se pénètrent et se soulèvent par les gelées, puis ils s'affaissent au dégel.

49. Qu'en resulte-t-il pour les plantes?

Les plantes sont déchaussées, c'est-à-dire que leur pied se dégarnit de terre; alors elles végètent mal et finissent même par succomber.

50. Qu'appelle-t-on sols *crayeux, tuffeux, ou gypseux?*

Ce sont ceux dans lesquels dominent la craie, le tu ou la pierre à plâtre (gypse).

51. Quelle est la valeur de ces sols?

Ils sont en général stériles ou à peu près, à moins de frais considérables de culture; toutefois, quand ils reposent sur un sous-sol argileux et apte à retenir les eaux pluviales, ils peuvent devenir très fertiles.

2. Quelles sont les plantes qui croissent naturellement sur les terrains calcaires?

Ce sont surtout le coquelicot, l'arrête-bœuf, le genévrier, les chardons, la gaude, le mélampyre ou blé de vache, la brunelle, la germandrée petit-chêne, etc.

53. Comment corrige-t-on les défauts des sols calcaires?

Par les labours, l'addition d'argile ou de sable, les arrosements, et surtout par les engrais.

54. Comment nomme-t-on les sols calcaires mélangés d'argile on de sable?

Ce sont des sols *calcaréo-argileux* ou *calcaréo-siliceux*.

V. Sols argileux.

55. Qu'est-ce que l'*argile*?

L'argile, appelée aussi *alumine* ou *glaise*, est une terre grasse, compacte, douce au toucher et qui happe à la langue. Elle se ramollit dans l'eau et en absorbe une grande quantité; en se desséchant, elle diminue de volume et se fendille.

56. Qu'appelle-t-on sols *argileux?*

Ce sont ceux dans lesquels l'argile domine ou se trouve en grande proportion.

57. Quels sont les caractères des sols argileux?

Ces sols sont tenaces et difficiles à entamer par les labours; quand ils sont mouillés, ils s'attachent fortement aux pieds et aux instruments; ils s'échauffent lentement, se prennent en croûte et se refroidissent très vite.

58. Comment les labours agissent-ils sur ces sols?

Les sols argileux forment des mottes ou des bandes très difficiles à diviser; toutefois, quand on les laboure avant l'hiver, ils s'émiettent à la surface par les gelées.

59. Comment ces sols se comportent-ils par rapport aux fumiers et autres engrais?

Ils en exigent des quantités plus fortes que les autres

sols ; mais ils les décomposent plus lentement, et par suite gardent plus longtemps la fumure.

60. Comment se comportent-ils par rapport à l'eau ?

Ils en absorbent une grande quantité, et la laissent s'écouler difficilement.

61. Comment ces sols influent-ils sur la végétation ?

Les racines les pénètrent avec peine ; les plantes y viennent mal, ne donnent que de médiocres produits, et souvent même finissent par succomber.

62. Comment appelle-t-on encore les sols argileux ?

On les appelle encore *terres fortes*, à cause de la résistance qu'ils présentent aux labours ; *terres froides*, parce qu'ils s'échauffent beaucoup plus lentement qu'ils ne se refroidissent ; *terres humides*, par suite de l'avidité avec laquelle ils absorbent et retiennent l'humidité.

63. Qu'appelle-t-on *terre blanche* ?

C'est une argile mélangée de chaux, qui se bat aisément par l'action des pluies.

64. Quelles sont les plantes qui croissent naturellement sur les terrains argileux ?

Ce sont l'yèble, le tussilage ou pas d'âne, la laitue vireuse, la chicorée sauvage, l'aristoloche, l'orobe tubéreux, l'agrostide traçante, le lotier corniculé, etc.

65. Quel est le plus grand défaut des sols argileux ?

Ils sont en général les plus coûteux à cultiver.

66. Comment corrige-t-on les défauts des sols argileux ?

En les rendant moins compactes ou plus meubles, soit par des labours fréquents et profonds, des binages et des hersages, soit par l'addition de matières étrangères qui les divisent, comme le sable, le calcaire, etc.

67. Comment nomme-t-on les sols argileux mélangés de calcaire ou de sable ?

Ce sont des sols *argilo-calcaires*, ou *argilo-siliceux*.

VI. Sols siliceux.

68. Qu'est-ce que la *silice*?

La *silice* est une terre généralèment très dure, mais qui varie beaucoup d'aspect : le cristal de roche, le grès, la meulière, la pierre à fusil, le sable, etc., en présentent autant d'états particuliers.

69. D'où vient le mot *silice*?

Du nom latin *silex*, qui signifie *pierre, caillou*, et qu'on donne surtout à la pierre à fusil.

70. Qu'appelez-vous *sable*?

C'est une terre fine, légère, sèche, sans consistance, rude au toucher et formée entièrement ou en très grande partie de silice en poudre.

71. Qu'est-ce qu'un sol *sablonneux* ou *siliceux*?

C'est celui dans lequel domine le sable ou la silice.

72. Quels sont les caractères de ces sols?

Ils sont entièrement opposés à ceux des sols argileux. Ainsi lés terrains sablonneux n'ont ni consistance ni ténacité. Ils se divisent sans peine par l'action des instruments, sans adhérer ou se coller à ceux-ci.

73. Comment se comportent-ils par rapport à l'eau?

Ils se délaient facilement dans ce liquide, mais sans former de pâte. Ils l'absorbent et le laissent échapper avec une extrême facilité. Aussi sont-ils ordinairement très secs, si on les compare aux autres terrains. Mais ils ne deviennent pas plus durs en se desséchant.

74. Comment la chaleur agit-elle sur ces terrains?

Ils s'échauffent beaucoup et rapidement au soleil, et conservent longtemps la chaleur.

75. Comment influent-ils sur la végétation?

Les plantes y enfoncent bien leurs racines, y croissent promptement et arrivent bientôt à maturité.

76. Quel autre nom donne-t-on aux sols siliceux?

On les appelle aussi *terres légères*, à cause de la fa-cilité avec laquelle leurs parties se déplacent.

77. Qu'appelle-t-on *terrains graveleux*?

Ce sont les terrains qui sont formés surtout de gra-viers à grains plus ou moins gros.

78. Qu'appelle-t-on *alluvions*?

Ce sont des dépôts sableux souvent mélangés d'ar-gile, de graviers ou de petites pierres, que laissent les eaux en se retirant d'un endroit.

79. Quelles sont les plantes qui croissent naturellement dans les terrains sablonneux?

Ce sont, entre autres, le plantain corne-de-cerf, les sablines, la canche, la fétuque rouge, la spergule, la car-line, l'élyme et le roseau des sables, l'orpin, le genêt, le bouleau, le châtaignier, le pin maritime, etc.

80. Comment corrige-t-on les défauts de ces sols?

Il faut éviter de les labourer trop souvent, les tasser au contraire avec le rouleau, y ajouter des terres argi-leuses, des fumiers gras ou des engrais verts.

81. Comment appelle-t-on les terrains siliceux ou sableux mé-langés d'argile ou de calcaire?

Ce sont des sols *silico-argileux* ou *silico-calcaires*.

VII. Sols humifères.

82. Qu'est-ce que l'*humus* ou terreau?

L'humus est une matière brune ou noirâtre, grasse, onctueuse au toucher, qui se trouve à la surface du sol et provient de la décomposition des matières végé-tales.

83. Expliquez-nous comment il se produit.

Les rameaux, les feuilles, les fleurs et en général

toutes les parties qui se détachent des arbres, les végétaux eux-mêmes qui ont cessé de vivre, se décomposent ou se pourrissent peu à peu, sous l'influence de l'air, de la chaleur et de l'humidité, et forment ainsi l'humus.

84. L'humus met-il longtemps à se former?

Cette formation est toujours lente; mais elle peut être accélérée par une température chaude, un excès d'humidité ou par la nature du terrain.

85. Où se trouve-t-il le plus abondamment?

Dans les terres très fertiles et surtout dans les forêts; là il se produit et se renouvelle sans cesse, par suite de la décomposition des plantes, des feuilles ou des engrais.

86. Qu'appelle-t-on sols *humifères* ou de terreau?

Ce sont ceux qui renferment beaucoup d'humus.

87. Quelle est la valeur de ces terrains?

Ce sont en général les plus fertiles de tous.

88. Conservent-ils longtemps cette fertilité?

Non, car l'humus se décompose à son tour, et sa partie la plus active se détruit peu à peu au contact de l'air humide et chaud.

89. Qu'est-ce que la *terre de bruyère?*

C'est un sol composé en grande partie de sable très fin, mélangé de beaucoup d'humus, et renfermant aussi un peu d'oxyde ou rouille de fer.

90. Qu'est-ce que la *tourbe?*

C'est une sorte d'humus, provenant de plantes qui se décomposent, non à l'air libre, mais sous l'eau.

91. Qu'est-ce qu'un terrain *tourbeux?*

C'est celui qui est formé de tourbe entièrement ou en grande partie.

92. Quels sont les caractères des sols tourbeux?

Ils sont spongieux et élastiques, d'une couleur brun-noirâtre, s'échauffent et se refroidissent lentement.

93. Quelles sont les plantes qui croissent naturellement dans les tourbières ou les terrains tourbeux?

Ce sont les sphaignes, les prêles, les pesses, les scirpes, les laiches, les cornifles, les conferves, etc.

94. Les terrains tourbeux sont-ils fertiles?

Non, ils sont en général impropres à la culture, en ce que très peu de plantes peuvent y croître.

95. Qu'appelez-vous terrains *marécageux?*

Ce sont ceux qui sont couverts d'eaux stagnantes pendant tout ou partie de l'année.

96. Comment peut-on tirer parti des terrains tourbeux ou marécageux?

Il faut d'abord les dessécher ou les assainir ; puis les amender avec du sable, des cendres, des marnes ou de l'argile, et surtout avec de la chaux vive. On peut aussi les écobuer, comme nous le dirons plus loin.

VIII. Propriétés des sols.

97. Suffît-il d'étudier la nature ou la composition des sols pour connaître leur valeur?

Non, il faut encore tenir compte de leurs propriétés physiques ou mécaniques.

98. Qu'est-ce que la *masse* d'un sol?

C'est le degré d'épaisseur ou de profondeur de la couche arable ou végétale.

99. Quels avantages présente un sol profond?

Il permet aux racines de se développer davantage, retient mieux l'humidité pendant les sécheresses, et laisse plus facilement écouler celle qui est en excès.

100. Qu'est-ce que la *consistance* du sol?

C'est le degré d'adhérence de ses parties.

101. Qu'appelle-t-on sols *compactes* et sols *meubles ?*

Dans un sol compacte, comme l'argile, les parties ou molécules sont fortement adhérentes entre elles ; dans un sol meuble, comme le sable, les molécules glissent facilement les unes sur les autres.

02. Comment le sol agit-il sous ce rapport ?

Suivant son degré de consistance, il se laisse plus ou moins facilement pénétrer par les instruments aratoires, par la chaleur, l'air et l'eau, et par les racines des plantes.

103. Comment se comporte le sol quant à l'humidité ?

Il l'absorbe, la conserve et la laisse échapper avec plus ou moins de facilité.

104. Qu'appelle-t-on sol *perméable* et sol *imperméable ?*

Un sol perméable se laisse aisément pénétrer par l'eau ; c'est tout le contraire pour un sol imperméable.

105. Quelle est l'influence de la couleur du sol ?

Plus le sol est de couleur foncée, plus il s'échauffe, et plus aussi il se refroidit promptement.

106. Quelle est l'influence de la pente du sol ?

Un sol en pente légère est en général plus favorable qu'un sol en plaine ; mais si la pente devient plus forte, la culture devient aussi plus difficile.

107. Qu'est-ce que l'exposition du sol ?

C'est la manière dont ce sol est placé par rapport aux points cardinaux. En général, l'exposition au midi est plus chaude que l'exposition au nord ; celle de l'ouest est plus humide que celle de l'est.

108. Le sous-sol n'a-t-il pas aussi une influence ?

Oui ; mais cette influence varie suivant que le sous-sol est de même nature que le sol ou de nature différente.

109. Dans quels cas est-il avantageux que le sous-sol soit de même nature que le sol?

C'est quand le sol est peu profond, et qu'il n'est ni trop compacte ni trop meuble, ni sec ni humide en excès.

110. Et quand le sol présente un de ces défauts?

Alors il est avantageux que le sous-sol soit de nature différente, afin de corriger les défauts du sol. Ainsi, pour un sol imperméable, il vaut mieux un sous-sol perméable; pour un sol sec, un sous-sol humide; pour un sol trop meuble, un sous-sol compacte, et réciproquement.

IX. Amélioration des sols.

111. Qu'entend-on par *fertilité* ou *fécondité* d'un sol?

On dit qu'un sol est *fertile, fécond* ou *productif,* lorsqu'il donne des récoltes abondantes et continues.

112. La fertilité est-elle une qualité importante?

Oui, car elle résume toutes les autres, et constitue le but essentiel que se propose l'agriculteur.

113. De quoi dépend la fertilité des sols?

De deux causes, la richesse et la puissance.

114. Qu'est-ce que la *richesse* d'un sol?

C'est la quantité de matières qu'il renferme, pouvant servir au développement des plantes.

115. Qu'est-ce que la *puissance* d'un sol?

C'est le degré d'activité avec laquelle il favorise l'absorption par les plantes des matières qui servent à leur développement.

116. Les sols sont-ils naturellement fertiles?

Il y a quelques sols qui se trouvent dans ce cas; mais, en général, les opérations de la culture sont nécessaires pour conserver, pour accroître ou même pour créer cette fertilité.

117. Qu'entendez-vous par améliorer un sol?

C'est augmenter sa richesse, sa puissance ou sa fertilité, de manière à en obtenir des produits meilleurs ou plus abondants.

118. Quels sont les moyens qu'on emploie pour cela?

Ils sont assez nombreux, mais peuvent se ramener à trois, suivant le but qu'ils doivent atteindre.

119. Indiquez ces trois sortes de moyens.

Tantôt on se propose de modifier simplement l'état physique ou mécanique du sol; tantôt d'augmenter la quantité de matériaux nutritifs qu'il contient; tantôt enfin de maintenir sa fertilité.

120. Comment modifie-t-on l'état physique du sol?

Par certaines opérations agricoles, telles que les labours, les binages, les hersages, qui le rendent plus meuble, ou par les plombages, qui le rendent plus compacte.

121. Que fait-on quand le sol est trop sec ou trop humide?

Dans le premier cas, on remédie à la sécheresse du sol par les irrigations; dans le second, on emploie le drainage ou les assainissements pour enlever l'excès d'humidité.

122. Est-il avantageux de mélanger dans le sol des matières étrangères?

Oui, et c'est même une des pratiques les plus ordinaires et les plus importantes en agriculture.

123. Comment appelle-t-on, en général, ces matières?

On les appelle *matières fertilisantes*.

124. Comment divise-t-on les matières fertilisantes?

En trois groupes principaux, qui sont les amendements, les stimulants et les engrais.

125. Y a-t-il encore un moyen d'accroître et de conserver la fertilité du sol?

Oui, il consiste à faire succéder les plantes dans l'ordre le plus convenable, en d'autres termes à choisir et à suivre un bon assolement, comme nous le verrons par la suite de ces leçons.

X. Labours.

126. Qu'est-ce qu'un *labour?*

C'est une opération qui consiste à diviser ou à ameublir la surface du sol ou couche arable.

127. D'où vient le mot *labour?*

Du latin *labor*, qui signifie *travail*. Le labour est en effet pour l'agriculteur le travail par excellence, et c'est dans ce sens qu'on dit indifféremment *labourer* ou *travailler* la terre.

128. Quelles sont les conditions essentielles d'un bon labour?

Il doit non seulement ameublir le sol, mais encore le retourner, de telle sorte que la couche superficielle, qui est plus ou moins épuisée, soit remplacée par une terre neuve, comme celle qui se trouve au-dessous.

129. Quels sont les avantages d'un bon labour?

Il fait que l'air, les eaux des pluies et la chaleur du soleil pénètrent plus facilement dans le sol, ce qui active la végétation; il mélange plus intimement les diverses couches de terre, ainsi que les matières fertilisantes qu'on y ajoute; enfin, il fait que les racines des plantes s'y étendent et s'y développent mieux.

130. Le labour n'a-t-il pas encore d'autres résultats?

Oui, il nettoie le sol en détruisant les mauvaises herbes, les insectes, les vers et en général tous les petits animaux qui se trouvent dans la terre et qui nuisent aux plantes.

131. Qu'appelle-t-on labour *à plat* ou *en planches*?

C'est celui par lequel le sol, après le passage des instruments, présente une surface unie, sauf quelques raies espacées, pour l'écoulement des eaux.

132. Qu'est-ce qu'un labour *en billons*?

C'est celui qui divise le sol en bandes plus ou moins étroites, bombées par le milieu, qu'on appelle billons, et séparées entre elles par des raies d'écoulement nombreuses et très rapprochées.

133. Quel est le meilleur de ces deux modes de labour?

En général, le labour à plat est bien préférable; les semailles et les récoltes s'y font beaucoup mieux, et il y a moins de terrain perdu. On ne doit employer le labour en *billons* que dans des cas exceptionnels, comme quand le sol est très humide ou peu profond.

134. Que faut-il encore observer dans les labours?

On doit, en général et sauf les exceptions forcées, les faire réguliers, profonds et nombreux.

135. Qu'appelle-t-on *instruments aratoires*?

On appelle ainsi tous les outils ou engins qui servent à labourer ou à travailler la terre.

136. Quels sont ceux de ces instruments qu'on emploie de préférence dans les petites cultures?

Ce sont la bêche, la fourche et la houe.

137. Quel résultat obtient-on avec ces instruments?

Ils donnent le labour le plus parfait, mais aussi le plus lent et le plus coûteux. Aussi ne les emploie-t-on que dans les jardins, les pépinières, ou dans les terres de faible étendue, comme dans les pays où le sol est très morcelé.

138. De quels instruments se sert-on en grande culture?

On emploie surtout la *charrue* ou l'*araire*.

XI. Charrue.

139. Qu'est-ce que la charrue ?

C'est un instrument qui a pour objet de diviser et d'ameublir le sol, de manière à couper, à soulever et à renverser les bandes de terre. Elle est traînée par des chevaux ou par des bœufs (fig. 1).

Fig. 1. — Charrue.

140. Quelles sont les pièces qui la composent ?

Elles peuvent se diviser en deux groupes : les unes qui agissent directement sur le sol ; les autres, qui servent à favoriser ou à régler l'action des premières.

141. Quelles sont les pièces qui agissent directement sur le sol ?

Ce sont : 1º le *coutre*, sorte de couteau destiné à couper verticalement le sol à labourer ; 2º le *soc*, qui détache horizontalement la tranche de terre coupée par le coutre ; 3º le *sep*, qui, fixant les diverses pièces de la charrue dans leur partie inférieure, glisse au fond du sillon, en appuyant contre la terre non labourée ; 4º le *versoir* ou *oreille*, partie caractéristique de la charrue, qui soulève et renverse la tranche de terre séparée du sol par le coutre et le soc.

142. Quelles sont les autres pièces de la charrue ?

Ce sont : 1° l'*âge* ou *flèche*, sorte d'axe sur lequel sont fixées les autres pièces, et qui, obéissant à l'action de l'attelage, met en mouvement le reste de la charrue ; 2° les *manches* ou *mancherons*, qui, placés à l'arrière, servent au laboureur à diriger et à maintenir l'instrument ; 3° le *régulateur*, placé en avant, et qui permet de modifier à volonté la largeur et la profondeur du sillon à creuser ; 4° l'*avant-train*, placé aussi tout à fait en avant, et consistant en un essieu auquel sont adaptées deux roues. Ces deux dernières pièces manquent dans plusieurs sortes de charrues.

143. En quoi l'araire diffère-t-il de la charrue proprement dite ?

En ce qu'il est dépourvu d'avant-train.

144. Qu'est-ce que la charrue *tourne-oreille* ?

C'est une charrue dont le versoir peut se tourner à volonté, de manière à renverser la bande de terre, soit à droite, soit à gauche.

145. Qu'appelle-t-on charrue *bisoc, trisoc, polysoc* ?

C'est une charrue munie de deux, trois ou plusieurs socs, et pouvant tracer ainsi deux, trois ou plusieurs sillons à la fois.

146. Qu'est-ce que la charrue *sous-sol* ?

C'est une charrue dépourvue de versoir, qui marche derrière une charrue ordinaire, et sert à labourer le sous-sol sans le retourner ni le mélanger au sol. On l'appelle encore *charrue-taupe* ou *fouilleur*.

147. Qu'est-ce que l'*extirpateur* ?

L'extirpateur est une charrue à plusieurs socs sans versoir, pénétrant peu profondément dans le sol, et servant à ameublir et à soulever la couche supérieure du sol déjà labouré, pour mieux détruire les mauvaises herbes.

148. Quel est l'avantage des labours à la charrue sur les labours à bras?

Le travail à la charrue est moins parfait, mais il est bien plus expéditif et plus économique.

XII. Herse et rouleau.

149. Est-il toujours nécessaire de labourer profondément?

Non, il suffit souvent de gratter, en quelque sorte, la surface du sol.

150. Quel instrument emploie-t-on pour cela?

Dans la petite culture, on se sert du râteau ; dans la grande culture, on emploie la herse.

151. En quoi consiste la *herse*?

Elle se compose surtout d'un châssis ou cadre en bois ordinairement quadrangulaire, lequel porte à sa face inférieure des dents en bois ou en fer. Quelquefois aussi, tout l'instrument est en fer (fig. 2).

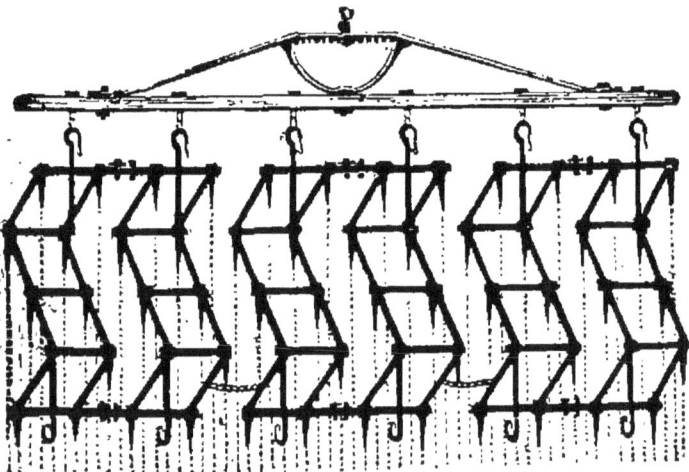

Fig. 2. — Herse.

2

152. Quel est l'usage le plus fréquent de la herse ?

On l'emploie surtout pour émietter ou briser les mottes de terre après un labour.

153. Comment conduit-on la herse ?

La herse, traînée par des bœufs ou des chevaux, doit être toujours bien horizontale et menée rapidement, afin que ses secousses brisent mieux les mottes.

154. Comment fait-on lorsqu'on veut que les dents de la herse pénètrent plus profondément ?

On charge l'instrument, c'est-à-dire qu'on met sur sa face supérieure de grosses pierres ou d'autres corps pesants.

155. Et si l'on veut au contraire qu'elles s'enfoncent peu ?

On se sert pour cela de branchages qu'on enchevêtre entre les dents de la herse.

156. N'y a-t-il pas encore d'autres moyens ?

Oui, on peut employer diverses sortes de herses.

157. Combien en distinguez-vous ?

Deux principales : la *herse pesante* ou *grande herse*, dont les dents au moins et quelquefois aussi le cadre sont en fer, et la *herse légère* ou *petite herse*, qui est toujours munie de dents en bois.

158. La herse ne sert-elle qu'à diviser le sol ?

On l'emploie aussi, comme le râteau, pour enlever les mauvaises herbes, et pour recouvrir les graines qu'on a répandues sur le sol.

159. Qu'est-ce que le *scarificateur?*

Le scarificateur tient de la charrue par la forme et de la herse par l'usage. Il ne diffère de l'extirpateur qu'en ce que les socs sont remplacés par des coutres en forme de dents de herse renforcées et recourbées.

160. Qu'est-ce que le *rouleau?*

Le rouleau se compose surtout d'un cylindre en bois,

en pierre ou en fonte, tournant sur un axe de fer, dont les extrémités portent des brancards auxquels on attelle les animaux destinés à traîner l'instrument (fig. 3).

Fig. 3. — Rouleau.

161. A quoi sert le rouleau dans les terres fortes?

Il sert à briser les mottes qui n'ont pas été suffisamment divisées par les labours ou les hersages.

162. Quelle est son utilité pour les terres légères?

Il sert à les *plomber*, c'est-à-dire à les tasser, de manière à les rendre plus lourdes, plus compactes, et à raffermir ainsi dans le sol les semis ou les jeunes plants qui seraient déchaussés par les gelées.

XIII. Irrigations.

163. Les plantes ont-elles besoin d'eau?

Oui, toute plante a besoin, pour vivre, d'une certaine quantité d'eau, suivant sa nature.

164. Dans quel cas ce besoin se fait-il le plus sentir?

Sous les climats chauds, dans les terrains secs, enfin pour certaines cultures, telles que les légumes et les prairies.

165. Comment peut-on procurer aux plantes l'eau dont elles ont besoin ?

Dans les petites cultures, on arrose à la main, avec des arrosoirs ou des pompes-seringues. Mais, dans les jardins maraîchers du Midi, et surtout dans les prairies, on distribue l'eau par un système de rigoles, de manière à ce qu'elle coule naturellement.

166. Comment appelle-t-on cette opération ?

On l'appelle *arrosage*, *arrosement*, et *irrigation*, quand on opère sur une grande échelle.

167. Quelles eaux doit-on préférer pour les irrigations ?

Les meilleures sont celles des rivières et des sources, surtout si elles ont séjourné longtemps à l'air et traversé des lieux habités ou cultivés.

168. Quel est l'avantage de cette dernière condition ?

C'est que les eaux se sont chargées de matières qui favorisent le développement des plantes.

169. A quelles plantes convient surtout l'irrigation ?

A celles qu'on cultive pour leurs tiges et leurs feuilles ; telles sont les plantes fourragères et un certain nombre de plantes maraîchères, choux, salades, etc.

170. Quels sont les sols qu'il convient surtout d'irriguer ?

Ce sont ceux qui sont à la fois secs et perméables, comme les sols calcaires ou sablonneux.

171. Quelle est l'époque convenable pour les irrigations ?

On peut irriguer à peu près toute l'année, suivant les cas, mais surtout pendant l'été.

172. Comment reconnaît-on qu'une eau convient pour les irrigations ?

En examinant avec soin la végétation des plantes qui croissent sur son passage.

173. De quoi se compose un système d'irrigation ?

Il comprend la prise d'eau, le canal de dérivation, les

rigoles principales et secondaires, les canaux de réunion et les rigoles d'égouttement.

174. En quoi consiste l'arrosement par irrigation?

En ce que l'eau répandue à la surface du sol y court en se renouvelant constamment, et sans jamais y séjourner.

175. Qu'est-ce que l'arrosement par submersion?

Il a lieu quand le terrain est couvert d'une couche d'eau assez épaisse et qui y séjourne quelque temps.

176. En quoi consiste l'arrosement par infiltration?

En ce que l'eau ne dépasse pas les bords des rigoles d'arrosement, de telle manière qu'elle arrive aux racines des plantes, non pas directement, mais bien en s'infiltrant à travers le sol.

XIV. Desséchements.

177. L'excès d'humidité nuit-il à la culture?

Oui; quand le sol est trop humide, marécageux ou couvert d'eau une partie de l'année, les travaux sont plus difficiles, les plantes végètent et mûrissent mal, et finissent même par pourrir et par succomber.

178. Comment remédie-t-on à ces inconvénients?

Il faut pour cela *dessécher* ou *assainir* le terrain.

179. Quels sont les moyens qu'on emploie dans ce but?

Ils varient suivant les circonstances.

180. Qu'est-ce que le *colmatage* ou *limonage?*

C'est une opération qui consiste à élever peu à peu le niveau du sol à assainir, en y faisant arriver à plusieurs reprises des eaux chargées de limon.

181. En quoi consiste l'emploi des *boitout?*

Les boitout sont des puits creusés de distance en dis-

2.

tance dans les marais, de manière à recevoir ou à absorber les eaux qui y arrivent par des fossés.

182. Quel est le mode de desséchement le plus usité ?

C'est celui qui consiste à creuser dans le sol des rigoles ou tranchées ouvertes, dans lesquelles les eaux se assemblent et s'écoulent.

183. Quels sont les inconvénients de ce système ?

Il enlève beaucoup de terrain à la culture, rend le parcours et les travaux difficiles, et nécessite des frais pour l'entretien des fossés.

184. Quel est le meilleur mode d'assainissement ?

C'est le desséchement par rigoles couvertes. Pour l'établir, on creuse des tranchées, comme nous venons de le dire, mais au fond on met des cailloux, des fagots ou des fascines, puis on remet la terre qu'on avait enlevée.

185. Qu'est-ce que le *drainage* ?

Le drainage est un perfectionnement du procédé précédent. On dispose au fond des tranchées des tuyaux en terre cuite, appelés *drains*, par où les eaux s'écoulent.

186. A quelles terres convient surtout le drainage ?

A celles dont le sous-sol est argileux ou imperméable, et dans lesquelles sourdent des eaux de source.

187. Donnez une idée d'un système de drainage .

Il consiste en une série de tuyaux plus étroits, appelés *drains secondaires* ou *drains* proprement dits, disposés parallèlement, et qui débouchent sous un angle aigu, dans des tuyaux de plus grand diamètre, placés plus bas et appelés *collecteurs*.

188. Que faut-il observer dans la position des drains ?

Plus le sol est humide, plus ils doivent être rapprochés et enfoncés profondément.

189. Quelle est la fonction des collecteurs ?

Ils servent, comme leur nom l'indique, à collecter

ou recueillir les eaux, pour les faire écouler au dehors, dans un ruisseau, un fossé ou un boitout. Il faut que le collecteur principal, auquel aboutissent tous les autres, ait une issue franche et nette.

190. Quels sont les avantages principaux du drainage?

Il assainit plus complètement le sol, n'enlève rien à la surface cultivée, n'exige aucun frais d'entretien s'il est bien établi, maintient la chaleur de la terre, facilite la circulation de l'air et augmente la quantité et la qualité des récoltes.

XV. Amendements.

191. Qu'appelle-t-on *amendements?*

Ce sont des matières qui, introduites et mélangées dans le sol, modifient ses propriétés physiques, et particulièrement son degré de consistance et d'humidité.

192. Quel est le principal résultat des amendements?

C'est de rétablir l'harmonie qui doit exister dans les proportions des diverses matières qui composent le sol. Ils doivent donc varier de nature suivant celle des terrains.

193. Quel est l'emploi de l'argile?

On s'en sert avantageusement pour rendre plus compactes les sols sablonneux ou calcaires. Comme il est assez difficile de l'incorporer ou de la mélanger au sol, on emploie souvent de préférence l'argile brûlée.

194. Peut-on utiliser les pierres comme amendement?

Oui, pourvu qu'elles ne soient pas trop grosses; elles contribuent à ameublir et à diviser le sol..

195. Quelle est l'utilité du sable et du gravier?

Ils peuvent servir pour diminuer la consistance des

terres argileuses; on doit préférer, quand on le peut, la vase, les sables d'alluvion ou les sables marins.

196. Qu'est-ce que les *schistes*?

Ce sont des sortes d'ardoises feuilletées et qui se brisent facilement; on ne les emploie comme amendements que dans les pays où on les trouve on abondance.

197. Quel est l'usage des schistes?

On s'en sert avec avantage sur les terres calcaires, et aussi sur l'argile, pour la diviser. Ils produisent de bons résultats surtout dans les vignes. Ils augmentent l'épaisseur de la couche arable, mais ils se décomposent lentement.

198. Qu'appelle-t-on *laitiers* ou *scories*?

On appelle ainsi une sorte d'écume qui se forme sur le fer, quand on le fond, et qui, en se refroidissant, devient solide et semblable à du verre.

199. Comment emploie-t-on les laitiers?

Il faut d'abord les broyer à l'aide d'un instrument convenable, ou en les mettant sur les routes où passent des voitures ou des chariots.

200. Comment agissent les laitiers?

Ils se décomposent très lentement, et exercent une action purement mécanique sur les sols compactes, en les divisant. On les emploie avec succès sur les terrains argileux.

201. Qu'est-ce que l'*écobuage*?

C'est une opération qui consiste à brûler la couche supérieure du sol, pour la mélanger ensuite aux autres couches.

202. N'y a-t-il pas deux sortes d'écobuage?

Dans l'*écobuage à feu courant*, on met simplement le feu aux herbes qui couvrent le sol; dans l'*écobuage à feu couvert*, on enlève, avec une sorte de houe appelée *écobue*, la couche gazonnée, pour en former de petits tas ou *fourneaux*, auxquels on met le feu.

03. Quelle est l'utilité de l'écobuage?

On l'emploie avec succès sur les sols argileux très humides, les terrains tourbeux et les marais récemment désséchés. Il assainit et ameublit le sol, et détruit les germes des mauvaises herbes et des animaux nuisibles.

XVI. Stimulants.

204. Qu'est-ce que les *stimulants*?

Ce sont des substances qui ont la propriété d'activer la végétation et d'exciter les plantes à puiser plus de nourriture dans la terre et dans l'air.

205. Quelle est l'utilité de la chaux?

La chaux ameublit les terrains argileux et donne de la consistance aux terres sablonneuses ; de plus, elle agit sur les matières fertilisantes que renferme le sol et les rend plus aptes à être absorbées par les plantes.

206. Qu'entendez-vous par *marnes*?

Les marnes sont des mélanges de calcaire, de sable et d'argile, dans des proportions très variables ; suivant l'élément qui domine, on distingue les *marnes calcaires*, *argileuses* et *siliceuses*. Leurs effets se rapprochent ainsi de ceux de la chaux, de l'argile ou du sable.

207. La craie est-elle employée comme stimulant?

Oui, et dans certains cas on la préfère aux marnes. Elle convient surtout aux terres argileuses. Il en est de même des coquillages et des faluns, vastes amas de coquilles pétrifiées ou fossiles qu'on trouve dans le sol.

208. Qu'est-ce que la *tangue*?

La tangue ou cendre de mer est une sorte de sable

gras, ou de limon, mélangé de vase et de résidus de plantes et d'animaux marins. On emploie la tangue grasse pour les terres légères, la tangue maigre pour les terres fortes.

209. Quelles sont les propriétés du plâtre ?

Le plâtre agit notamment sur certaines plantes fourragères, telles que la luzerne, le trèfle, les vesces et autres semblables; répandu sur les feuilles de ces plantes, au printemps, par un temps humide, il favorise beaucoup leur croissance. On l'emploie aussi avec succès sur les choux, le lin, le tabac, etc.

210. Comment agissent les plâtras ?

Ils produisent à peu près les mêmes effets que la chaux.

211. Quel est l'emploi des cendres?

Les cendres ont une action énergique, mais de courte durée. Elles conviennent surtout aux terres franches, aux sols argileux et aux terrains légers ou graveleux.

212. Quelle est l'utilité des *charrées* ?

Les charrées ou cendres lessivées ont perdu beaucoup de leurs principes fertilisants. On les emploie comme les cendres, et aussi sur les terres de bruyère.

213. Qu'appelle-t-on *cendres pyriteuses* ?

Ce sont des cendres qu'on obtient en brûlant certains lignites, sortes de charbon de terre. On les applique sur les prés et les champs calcaires ou argileux.

214. Quelle est l'action du sel marin ?

Elle s'exerce surtout sur les céréales et les fourrages.

215. Quelle est l'utilité de la suie ?

La suie a une action très énergique, mais de courte durée. On l'emploie pour les céréales, les fourrages, les colzas, etc. Elle convient aux terres crayeuses et en général aux terres calcaires.

216. Les amendements et les stimulants suffisent-ils pour obtenir de bonnes récoltes ?

Non ; s'ils ne sont pas suivis par des engrais, ils finissent à la longue par épuiser le sol.

XVII. Engrais végétaux.

217. Qu'appelle-t-on *engrais?*

On appelle *engrais* les matières qui, répandues sur le sol ou mélangées avec lui, ont pour résultat de lui fournir les éléments nécessaires à la nourriture des végétaux, à laquelle ils contribuent ainsi directement.

218. Comment divise-t-on les engrais ?

Suivant leur origine et leur composition, on les distingue en engrais *végétaux, animaux* et *mixtes.*

219. Qu'appelle-t-on *engrais végétaux?*

Ce sont ceux qui sont formés de plantes ou de leurs diverses parties, vivantes ou mortes.

220. Quels sont les principaux engrais végétaux ?

Ce sont les engrais verts, les plantes marines, les marcs et tourteaux, les chaumes et mauvaises herbes, etc.

221. Qu'appelle-t-on *engrais verts?*

Ce sont des plantes que l'on cultive, non pour les récolter, mais pour les enterrer dans le sol, par un labour, quand elles ont atteint un certain développement.

222. Ces engrais ne font-ils que fertiliser le sol ?

Ils donnent aussi de la fraîcheur aux terres légères.

223. Quelles sont les plantes que l'on préfère comme engrais verts?

Cela dépend de la nature des sols. Dans les terres fortes, on choisit le trèfle, les vesces, les pois, les fèves,

la minette, le colza, la navette, la moutarde noire, etc.
Pour les terres légères, on préfère les trèfles blanc et
incarnat, les lupins, le sarrasin, la spergule, le
seigle, etc.

224. N'emploie-t-on pour cela que des plantes cultivées exprès?

Non, on peut utiliser ainsi les genêts, l'ajonc, le
buis, les bruyères, les sarments de vigne, les roseaux,
les feuilles d'arbre, les gazons et en général toutes les
bonnes ou mauvaises herbes.

225. Qu'appelle-t-on *varec* ou *goëmon*?

On donne ce nom aux plantes marines qu'on récolte
près de la côte ou que la mer rejette naturellement sur
ses bords. Elles constituent en général un excellent
engrais.

226. Qu'appelle-t-on *marcs* et *tourteaux*?

Ce sont les résidus que laissent les fruits et les graines
dont on a extrait de l'huile ou des boissons fermentées.
Tels sont les marcs de raisins, d'olives, de pommes, de
poires, etc.; les tourteaux de colza, de chènevis, de
faîne, de noix, etc.

227. Qu'est-ce que les *touraillons*?

Ce sont les racines d'orge ou de seigle germés.

228. Quelle est l'utilité des marcs, tourteaux et touraillons?

Ce sont en général des engrais très puissants; ils conviennent surtout aux terres franches, aux sols calcaires
ou siliceux. Leur emploi et la durée de leur action varient du reste pour chacun d'eux.

229. Quelles sont les autres matières végétales que l'on peut
utiliser comme engrais?

Ce sont les chaumes ou éteules, les écorces, la sciure
de bois, le tan, les balles de froment ou d'avoine, les
tiges sèches de chanvre, de lin ou de topinambour, etc.

230. N'y a-t-il pas aussi des engrais végétaux liquides?

Oui, on emploie avec succès, comme engrais, les eaux

de féculerie, les vinasses, les eaux des brasseries, des routoirs à chanvre et en général toutes celles dans lesquelles ont séjourné des matières végétales.

XVIII. Engrais animaux.

231. Qu'appelle-t-on *engrais animaux?*

Ce sont ceux qui proviennent des animaux ; ils sont les plus énergiques et les plus importants.

232. Quels sont les principaux de ces engrais?

Ce sont les excréments et les urines de l'homme et des animaux, la chair, le sang, les os, les poils, les plumes, les cornes, les chiffons de laine et de soie, etc.

233. Parlez-nous des excréments de l'homme.

Les excréments de l'homme, appelés aussi *engrais humain*, prennent le nom de *gadoue* quand ils sont frais, et celui de *poudrette* quand ils sont secs. C'est un excellent engrais, qu'on a bien tort de laisser perdre.

234. Comment désinfecte-t-on cet engrais?

On lui enlève sa mauvaise odeur à l'état frais, en y mêlant de la terre, de l'argile, de la chaux, de la tourbe, de la sciure de bois ou autres matières analogues.

235. Parlez des excréments des animaux domestiques.

Ce sont tous des engrais plus ou moins puissants ; mais en général on ne les emploie pas seuls : on les mélange avec de la litière pour en faire du fumier.

236. Qu'est-ce que le *parcage?*

Il consiste à parquer ou à faire séjourner dans les champs les animaux domestiques, notamment les moutons, qui déposent ainsi leurs excréments sur place.

237. Quelle est l'utilité des urines?

Les urines de l'homme et des animaux constituent

3

un engrais prompt et actif ; il est préférable de les employer fraîches, après les avoir étendues d'eau.

Fig. 4. Semoir distributeur d'engrais.

238. Parlez-nous des excréments des oiseaux.

On n'utilise guère que ceux des pigeons, sous le nom
de *colombine*, et ceux des poules, sous celui de *pou-
laitte*. Ce sont des engrais chauds, qui produisent de
très bons effets, surtout dans les terres froides.

239. Qu'est-ce que le *guano* ou *huano*?

Le guano se compose d'excréments et de divers débris
d'oiseaux de mer, accumulés depuis des siècles dans
certaines îles de la côte occidentale de l'Amérique du
sud. Cet engrais est tellement énergique qu'on ne doit
pas l'employer pur.

240. Les animaux fournissent-ils d'autres engrais?

Oui, la chair, le sang, les peaux, les poils, les cornes,
les plumes, etc., sont employés comme tels.

241. Les poissons ont-ils quelque utilité sous ce rapport?

Oui, il y a des pays où certains poissons sont si abondants qu'on les emploie avec succès pour fumer les terres,
surtout les sols calcaires ou crayeux.

242. Quels sont les produits industriels, provenant des animaux,
qu'on peut utiliser comme engrais?

Ce sont, entre autres, le noir animal, les chiffons de laine ou de soie, les résidus des tanneries, des fabriques de chandelles ou de colle-forte, etc.

243. En quoi consiste l'emploi des os?

Ils ont une action plus ou moins énergique, suivant qu'ils sont frais ou secs. Pour s'en servir, il faut les broyer et les mélanger avec de la terre ou du fumier. On les distribue, comme tous les engrais pulvérulents ou en poudre, tantôt avec un appareil particulier, tantôt, en même temps que les graines, avec le semoir (fig. 4).

XIX. Engrais mixtes.

244. Qu'appelle-t-on *engrais mixtes*?

On appelle ainsi tous ceux qui sont formés de matières animales et végétales mélangées.

245. Qu'est-ce que le *fumier de ferme*?

Le fumier de ferme, ou simplement *fumier,* est un mélange de tous les excréments des animaux domestiques avec les pailles ou les autres matières analogues qui leur ont servi de litière.

246. Quelle est l'importance de cet engrais?

On peut dire que c'est l'engrais par excellence et la base indispensable de toute exploitation agricole.

247. Le fumier offre-t-il toujours les mêmes qualités?

Non, il peut présenter de grandes différences, suivant la nature des animaux qui l'ont produit.

248. Comment distingue-t-on les fumiers sous ce rapport?

Le fumier de cheval est un engrais sec et chaud, puissant, qui fermente vite et convient surtout aux terrains froids et humides. Le fumier de mouton s'en rapproche beaucoup à cet égard : mais il a l'inconvénient d'altérer la qualité de certains produits, tels que le blé, les légumes, les vins fins.

249. Quels sont les caractères des autres fumiers?

Le fumier de vache est froid, aqueux, plus lent à fermenter; il convient surtout aux terrains calcaires, et dans les années sèches. Le fumier de cochon ressemble à celui de vache, mais il est de moins bonne qualité; on l'emploie, du reste, dans les mêmes circonstances.

250. De quoi dépendent encore les qualités du fumier?

De plusieurs causes, telles que : la nature des aliments donnés au bétail ; la nature de la litière ; l'exercice que font les animaux ; l'emplacement du tas de fumier ; enfin, les soins qu'on donne à celui-ci.

251. Le fumier exige donc des soins particuliers?

Oui, il faut le laisser le moins possible dans les étables, le mettre à couvert du soleil et de la pluie, soit dans une fosse, soit en tas ou en meule, et l'arroser de temps en temps avec de l'eau, ou mieux avec du purin.

252. Qu'est-ce que le *purin*?

Le *purin*, appelé aussi *jus de fumier*, est le liquide qui s'écoule des tas de fumier ; il est formé surtout d'urine mélangée d'autres substances. On doit le recueillir avec soin, et non le laisser perdre, comme on le fait.

253. Qu'appelle-t-on *composts*?

Les composts, comme leur nom l'indique, sont des engrais composés, dans lesquels on fait entrer toutes sortes de substances, telles que balayures, déchets de cuisine, eaux de lessive, eaux grasses, légumes gâtés, mauvaises herbes, feuilles, terres, etc.

254. Quels sont les avantages des composts?

Ce sont des engrais très économiques, et qui donnent de bons résultats, quand ils ont bien fermenté. Leurs effets varient d'ailleurs suivant leur composition.

255. Quelle est l'utilité des boues de ville?

Cet engrais se rapproche des composts, en ce qu'il renferme beaucoup de matières diverses. Il est chaud et prompt à fermenter. Il en est de même des terres qu'on retire du curage des fossés, des étangs, des égoûts, etc.

XX. Assolements.

256. Peut-on cultiver plusieurs fois de suite la même plante sur le même terrain?

Cela se peut quelquefois; mais en général la plante ainsi répétée finit par épuiser le sol.

257. Comment peut-on alors rendre au sol sa fertilité?

Le moyen le plus simple est l'emploi de la jachère.

258. Qu'est-ce que la *jachère*?

La jachère consiste à laisser le sol en repos, c'est-à-dire à n'y rien cultiver, pendant un certain temps.

259. Ce moyen n'a-t-il pas des inconvénients?

Oui, le sol ne produit rien, et le plus souvent il est envahi par les mauvaises herbes.

260. La jachère doit donc être tout à fait abandonnée?

Non, car dans certains cas elle peut rendre des services; mais en général il vaut mieux recourir à un autre moyen, en adoptant un bon assolement.

261. Qu'entendez-vous par *assolement*?

L'assolement consiste à diviser les terres d'un domaine en plusieurs *soles*, sur chacune desquelles les cultures se succèdent dans un ordre régulier.

262. Y a-t-il avantage à faire suivre la culture d'une plante par celle d'une plante différente?

Oui, car toutes les plantes n'ont ni les mêmes exigences ni le même mode de végétation.

263. Comment divise-t-on les plantes d'après leurs exigences ?

On distingue les plantes *épuisantes*, qui empruntent au sol plus qu'elles ne lui rendent, comme les céréales ; et les plantes *améliorantes* ou *fertilisantes*, qui rendent au contraire au sol plus qu'elles ne lui empruntent, comme les plantes fourragères.

264. Comment divise-t-on les plantes suivant leur végétation ?

On distingue : les plantes ou récoltes *salissantes*, telles que le blé, qui laissent envahir le sol par les mauvaises herbes ; les *plantes étouffantes*, comme la luzerne, qui étouffent sous leur feuillage épais ces mauvaises herbes et ne les laissent pas croître ; et les récoltes *nettoyantes*, comme la betterave, qui permettent de les détruire par des sarclages.

265. Comment peut-on, d'après cela, formuler les règles principales d'un bon assolement ?

Toute récolte épuisante doit être suivie d'une récolte améliorante. Toute récolte salissante doit être suivie d'une récolte étouffante ou nettoyante.

266. N'y a-t-il pas encore autre chose à observer ?

Oui, il faut, par exemple, faire succéder les cultures de telle sorte qu'entre la récolte d'une plante, et la semaille de celle qui suit, il y ait assez de temps pour qu'on puisse donner au sol les travaux nécessaires.

267. La durée des assolements varie-t-elle ?

Oui, on distingue l'assolement *biennal* ou de deux ans ; *triennal*, de trois ans ; *quadriennal*, de quatre ans ; *quinquennal*, de cinq ans, et ainsi de suite.

268. Qu'est-ce que la *rotation* ?

C'est l'espace de temps qui s'écoule avant qu'une plante revienne sur le même champ.

DEUXIÈME PARTIE

PLANTES

XXI. Culture.

269. La connaissance des plantes est-elle utile pour le cultivateur?

Cette connaissance est d'une utilité incontestable, car toutes les plantes intéressent plus ou moins l'agriculture.

270. N'y a-t-il pas cependant des plantes nuisibles?

Oui, et l'agriculteur doit les connaître aussi, pour arriver à trouver les moyens de les détruire, ou d'atténuer le mal qu'elles font, ou même d'en tirer parti.

271. Quelles sont les plantes sur lesquelles doit surtout se porter l'attention de l'agriculteur ?

Ce sont celles que l'on cultive dans les champs, les prés, les jardins, les pépinières, etc.

272. Qu'est-ce que la *culture*?

C'est l'ensemble des travaux pratiqués sur le sol et sur les plantes cultivées.

273. Ne distingue-t-on pas la culture générale et les cultures spéciales?

Oui, car il y a en effet des règles de culture qui s'appliquent à toutes les plantes ; mais, en outre, chacune d'elles a ses exigences particulières qui tiennent à sa nature, et auxquelles il faut satisfaire.

274. Expliquez cela par un exemple.

Il faut que toute plante, pour donner de bons produits, soit semée dans un sol labouré et assez riche ; voilà pour la culture générale. D'autre part chaque plante veut être semée à une certaine époque, dans un sol qui a reçu une certaine nature d'engrais ; voilà pour les cultures spéciales.

275. Comment divise-t-on les plantes, au point de vue de leur durée?

On distingue : les plantes *annuelles*, dont l'existence se passe dans le courant d'une année ; les plantes *bisannuelles*, dont la végétation se répartit sur deux ans; et les plantes *vivaces*, qui durent plusieurs années.

276. N'y a-t-il pas deux sortes de plantes vivaces?

Oui, les unes, plantes *vivaces* proprement dites, comme la luzerne, sont vivaces seulement par leurs racines, qui produisent tous les ans de nouvelles tiges pour remplacer celles de l'année précédente; les autres, comprenant les arbres, les arbrisseaux et les arbustes, sont vivaces aussi par leurs tiges.

277. Quelles sont les principales catégories de plantes cultivées?

Ce sont les céréales, les plantes fourragères, les plantes sarclées, les plantes industrielles, les plantes potagères, les plantes médicinales, les arbres fruitiers, les arbres industriels, les arbres forestiers et les végétaux d'ornement.

278. La culture de quelques-uns de ces végétaux n'a-t-elle pas reçu des noms particuliers?

Oui, quand ces végétaux sont l'objet de branches spéciales de culture. Ainsi, on distingue : l'*horticulture*, qui s'occupe des jardins ; l'*arboriculture*, des arbres, et plus particulièrement des arbres fruitiers ; la *viticulture*, de la vigne ; la *moriculture*, du mûrier ; la *sylviculture*, des arbres forestiers ; et la *floriculture*, des fleurs et des végétaux d'ornement.

XXII. Semis.

279. Qu'appelle-t-on *semis*?

C'est l'opération qui consiste à répandre sur un sol convenablement préparé les graines des végétaux que l'on veut cultiver.

280. Ne dit-on pas quelquefois *semailles* ?

Oui, quand il s'agit de semis faits en grand, et surtout de ceux des céréales.

281. Comment fait-on les semis ?

Il y a deux manières principales de les faire : à la main, ou avec l'aide d'instruments particuliers.

Fig. 5. Semoir.

282. Comment se font les semis à la main ?

On les fait, tantôt *à la volée*, c'est-à-dire en répandant la graine aussi également que possible sur toute la surface du champ ; *en lignes*, en déposant les graines dans des sillons parallèles tracés d'avance ; par *places*, *par trous* ou *par poquets*, en déposant ces graines une à une sur des points déterminés.

283. De quels instruments se sert-on pour semer ?

On emploie en général le *semoir*, quelquefois après s'être servi d'abord du *rayonneur* (fig. 5).

284. En quoi consiste un *semoir* ?

Il consiste surtout en une caisse percée de trous régulièrement disposés, par où s'échappent les semences. Cette caisse est montée sur une roue, dans les semoirs à brouette, et sur deux, dans les semoirs à cheval.

3.

285. Qu'est-ce que le *rayonneur* ?

C'est une espèce de râteau à dents aiguës, monté sur roues ; il sert à tracer des raies en long et en large, et le point où se rencontrent deux raies est celui-ci où l'on doit déposer la graine.

286. Sème-t-on toujours les graines *en place* ou à l'endroit que les plantes doivent toujours occuper ?

Non, il y a souvent avantage à semer *en pépinière*.

287. En quoi consiste ce mode de semis ?

On choisit un endroit particulier, où l'on sème les graines, pour repiquer les jeunes plants, lorsqu'ils seront suffisamment développés.

288. Qu'est-ce que le *repiquage* ?

Le repiquage consiste à arracher avec précaution les jeunes plants des pépinières, pour les replanter *à demeure* ou à la place qu'ils doivent occuper définitivement.

289. Quel instrument emploie-t-on pour le repiquage ?

On se sert, suivant les circonstances, du plantoir ordinaire ou de la charrue.

290. Que faut-il faire aussitôt après le semis ?

Il faut recouvrir les graines de terre.

291. Comment fait-on cette opération ?

Pour les semis à la main, on emploie, suivant l'étendue du champ, le râteau ou la herse, quelquefois aussi la charrue ou l'extirpateur. Quant aux semoirs, ils portent avec eux un petit appareil qui recouvre les graines.

292. A quelle profondeur doit-on enterrer les graines ?

Cette profondeur varie suivant la nature de la plante ; mais en général, plus une graine est grosse, plus la couche de terre qui la recouvre doit être épaisse.

XXIII. Soins d'entretien.

293. Quand un semis est terminé, peut-on l'abandonner à lui-même jusqu'à la récolte?

Non, les plantes cultivées exigent, pour donner de bons produits, certains soins d'entretien.

294. Que faudrait-il faire dans les terrains secs?

Il faudrait, aussitôt après le semis, donner un arrosement et une couverture, c'est-à-dire répandre sur le semis une couche de paille ou de feuilles sèches, pour empêcher la déperdition de l'humidité du sol; mais cela ne peut se faire que dans les petites cultures.

295. Qu'arrive-t-il si le semis ne reçoit aucun soin?

Le sol se dessèche, se prend en croûte à la surface et est bientôt envahi par les mauvaises herbes, qui se développent au détriment des plantes cultivées.

296. Comment obvie-t-on à ces inconvénients?

Par les binages et les sarclages.

297. Qu'est-ce que le *binage*?

Le binage consiste à labourer légèrement, avec une petite houe appelée *binette*, la surface du sol, afin que celle-ci reste toujours meuble.

298. Qu'est-ce que le *sarclage*?

Le sarclage consiste à détruire les mauvaises herbes.

299. Peut-on confondre les binages et les sarclages?

Non, car ces deux opérations sont très distinctes; mais ce qui les fait confondre dans le langage ordinaire, c'est qu'en général on les exécute en même temps.

300. Les binages et les sarclages se font-ils toujours à la main?

Non, en grande culture on emploie souvent la *houe à cheval*. C'est une sorte de charrue, dont l'âge porte en avant un soc plat, et en arrière une série de coutres diversement disposés, de manière à fendre le sol dans tous les sens et à trancher les racines des mauvaises herbes.

301. Quels sont les autres soins à donner aux cultures?

Ils consistent à donner des abris aux plantes contre le froid, à irriguer celles qui ont besoin d'eau, etc.

302. Est-il toujours possible et avantageux de donner ces soins?

Non, cela dépend de la nature des plantes cultivées et des ressources dont on dispose.

303. Qu'est-ce que le *buttage* ?

Le buttage consiste à ramener la terre autour des racines des plantes, en forme de petite butte.

304. Pour quelles plantes emploie-t-on le buttage ?

On l'emploie surtout pour le maïs, pour les plantes sarclées et pour celles qui ont été déchaussées par la gelée.

305. Comment pratique-t-on le buttage?

On peut le faire à la main, à l'aide de la binette ou de la houe; mais, quand on opère en grand, il vaut mieux se servir du buttoir ou butteur.

306. Qu'est-ce que le *buttoir* ?

C'est une sorte de charrue à double versoir, disposée de telle sorte qu'en passant entre les rangées de plantes elle renverse la terre de deux côtés sur celles-ci.

307. Peut-on employer le buttoir pour toutes les cultures?

Non, on ne peut s'en servir avec avantage que pour les plantes cultivées en lignes.

XXIV. Céréales.

308. Qu'appelle-t-on *céréales*?

On appelle *céréales* les plantes qui produisent des

graines farineuses, servant à la nourriture de l'homme ou des animaux.

309. Quelles sont les céréales cultivées en France ?

Ce sont : le blé ou froment, l'épeautre, le seigle, l'orge, l'avoine, le maïs, le millet, le sorgho, le riz et le sarrasin.

310. Comment divise-t-on les céréales suivant leur mode de culture ?

On distingue les céréales *d'hiver*, qui, semées à l'automne, passent l'hiver en terre; et les céréales *de printemps* ou *de mars*, qu'on sème au retour de la belle saison.

311. Quels avantages présentent les céréales d'hiver ?

Elles donnent un produit plus précoce, plus abondant et de meilleure qualité.

312. Ne devrait-on pas, dès lors, abandonner tout à fait les céréales de printemps ?

Non, car il est souvent nécessaire de recourir à celles-ci : par exemple, quand on n'a pas eu le temps d'exécuter les travaux nécessaires pour les semis d'hiver, ou quand ceux-ci ont manqué par suite du froid ou d'autres causes.

313. Comment sème-t-on les céréales ?

On les sème à la volée ou en lignes, soit à la main, soit au semoir.

314. Quel sol convient aux céréales ?

Un sol meuble ou du moins bien ameubli, suffisamment riche et surtout bien nettoyé.

315. Faut-il semer sur un sol récemment fumé ?

Non, car les champs seraient envahis par les mauvaises herbes, et les céréales seraient exposées à verser. Il vaut beaucoup mieux que le sol ait été fumé au moins un an auparavant.

316. Quel est le premier soin à donner aux céréales, quand elles ont levé et qu'elles sont assez développées?

Il faut passer la herse sur les terres fortes et le rouleau sur les terres légères. Cette opération, qui équivaut à un binage et à un sarclage, a encore pour résultat d faire *taller* les céréales, c'est-à-dire de leur faire produire plus de tiges.

317. Que faut-il faire ensuite?

Tout se borne à biner, au moins quand les céréales sont semées en lignes, et à détruire les mauvaises herbes.

318. Comment appelle-t-on la récolte des céréales?

On l'appelle généralement la *moisson.*

319. A quelle époque doit-on moissonner les récoltes?

Il faut attendre la maturité complète, pour les graines destinées aux semences; pour les autres, il vaut mieux devancer de quelques jours cette époque.

320. Comment coupe-t-on les céréales?

On emploie pour cela la faucille, la faux ou la sape flamande; dans les grandes exploitations, on se sert généralement de machines à moissonner.

321. Que faut-il faire quand les céréales sont coupées?

Il faut, en général, ne pas les laisser trop longtemps étendues sur le sol, mais les mettre en meules ou les rentrer en grange. Toutefois, cette règle comporte des exceptions.

322. Qu'est-ce que le *battage* des céréales?

Le battage consiste à séparer le grain de ses enveloppes et de la paille, soit au fléau, soit au cylindre, ou en les faisant piétiner par les chevaux, soit enfin avec des machines, appelées pour cette raison *machines à battre* ou *batteuses* (fig. 6).

Fig. 5. Machine à battre.

XXV. Froment.

823. Quelle est la céréale la plus importante?

C'est le *blé* ou *froment;* cultivé dès la plus haute antiquité, il a produit des variétés très nombreuses.

324. Comment divise-t-on ces variétés ?

En froments *barbus* et *nus*, suivant que les balles sont munies ou dépourvues de longues arêtes; en blés *durs* et blés *tendres*, d'après la consistance du grain;

en blés *d'hiver* et blés *de mars*, suivant l'époque du semis.

325. Le climat de la France convient-il au froment ?

Oui, et on le cultive dans la majeure partie de notre territoire.

326. Quels sont les meilleurs terrains pour le froment ?

Le froment préfère par-dessus tout les terres franches, qu'on appelle encore pour cette raison *terres à blé*; il vient bien aussi dans les sols argilo-calcaires ou argilo-siliceux.

327. Suffit-il, pour avoir une bonne récolte de blé, de choisir une bonne semence ?

Non, il faut encore la cribler soigneusement, afin d'en enlever toutes les graines de mauvaises herbes que, sans cela, on sèmerait avec le froment.

328. Qu'est-ce que le *chaulage* du blé ?

C'est une opération qui consiste à tremper la semence dans de l'eau où l'on a délayé une certaine quantité de chaux ; elle a pour but de détruire les germes de la carie et du charbon, qui attaquent les grains en épis.

329. Qu'est-ce que le *sulfatage* ?

Le sulfatage consiste à remplacer la chaux par de l'acide sulfurique (huile de vitriol) ou par du sulfate de cuivre (vitriol bleu).

330. A quelle époque sème-t-on les froments ?

Les blés d'hiver peuvent se semer dans tout le courant de l'automne ; les blés de mars, dès que le temps le permet. En général, il convient de semer de bonne heure.

331. Faut-il faire des semailles drues ou claires ?

Les semailles claires, outre qu'elles procurent une économie de semence, produisent des pailles plus fortes, moins sujettes à verser, et des épis mieux nourris.

332. Quels soins d'entretien exige le blé ?

Les soins généraux dont nous avons parlé plus haut, et en outre l'*échardonnage*, qui consiste à arracher les chardons avec des *moettes* ou tenailles en bois.

333. Que fait-on lorsque le blé a été moissonné ?

On le laisse en *javelles*, étendues sur le sol, pendant vingt-quatre heures; après quoi on le lie en gerbes avec de la paille de seigle. S'il vient à pleuvoir avant qu'on ait pu lier les gerbes, on réunit les javelles en petits tas appelés *moyettes* ou *meulons*. Enfin, on le met en meules ou gerbiers, ou on le rentre en grange, jusqu'au battage.

334. Quels sont les usages du froment ?

Son grain donne la farine la plus nourrissante et la plus recherchée pour faire du pain, des gâteaux, des pâtisseries, etc. L'amidon qu'on en retire est employé dans les arts. Le son sert à nourrir les animaux domestiques. La paille est employée dans l'industrie ou comme litière.

335. Qu'est-ce que l'*épeautre* ?

C'est une espèce de froment, dont le grain ne se sépare pas de sa balle par le battage.

XXVI. Seigle, orge, avoine.

336. Quels avantages présente le *seigle* ?

Le seigle est la céréale la plus importante, après le froment. Plus robuste et plus hâtif que ce dernier, il peut croître dans des climats plus froids et dans des sols moins riches.

337. Comment divise-t-on les variétés de seigle ?

En seigles d'hiver et seigles de mars.

338. Quelle est la culture du seigle ?

A peu près la même que celle du froment ; toutefois on le sème un peu plus tôt et on l'enterre moins profondément.

339. Qu'est-ce que l'*ergot* du seigle ?

C'est une altération, une maladie du grain, qui se transforme en une excroissance longue, dure, compacte, cassante, noirâtre, semblable à une petite corne.

340. Quelles sont les propriétés de l'ergot ?

Outre qu'il nuit aux récoltes, c'est un poison pour l'homme et les animaux.

341. Comment peut-on en débarrasser le seigle ?

Par le criblage ou par le nettoyage à la main.

342. Quels sont les usages du seigle ?

Le grain donne un pain inférieur à celui du froment, un peu lourd, mais savoureux et pouvant se conserver plus longtemps. On en fait aussi du pain d'épice. La paille est la meilleure pour faire des liens, des nattes, des ruches, etc. Le seigle, fauché en vert, est un excellent fourrage précoce. L'ergot est employé en médecine.

343. Qu'appelle-t-on *méteil* et *champart* ?

Le méteil est un mélange, à parties égales, de blé et de seigle ; le champart renferme très peu de seigle.

344. Parlez-nous de la culture de l'*orge*.

L'orge est une céréale des plus rustiques, ne craignant ni le chaud ni le froid ; aussi la cultive-t-on là où ne peuvent croître ni le froment ni le seigle. Elle s'accommode aussi de terrains très pauvres. Enfin, elle mûrit la première.

345. Comment divise-t-on les variétés d'orge ?

En orges d'hiver et orges de printemps.

346. Comment cultive-t-on l'orge ?

A peu près comme le seigle, mais en semant encore

plus tôt; il faut surtout bien détruire les mauvaises herbes.

347. Quels sont les usages de l'orge?

Le grain ne donne qu'un pain lourd, grossier, difficile à digérer. On emploie ce grain pour fabriquer la bière. Dépouillé de ses enveloppes et façonné en grains arrondis, il constitue *l'orge mondé* et *l'orge perlé*, qu'on emploie surtout en médecine, mais qui peuvent remplacer le riz pour la cuisine. L'orge, fauchée en vert, est un excellent fourrage précoce.

348. Parlez-nous maintenant de l'*avoine*.

L'avoine est presque aussi rustique que l'orge, et elle a l'avantage de croître sur les sols les plus pauvres.

349. Comment divise-t-on les variétés d'avoine?

En avoines d'hiver et avoines de printemps.

350. Comment cultive-t-on l'avoine?

Sa culture est la même que celle du froment.

351. Quels sont les usages de l'avoine?

Le grain donne un pain noir, lourd et très amer; aussi est-il peu propre à cet usage; on le consomme plutôt sous forme de gruau. Ce grain est surtout employé pour nourrir les chevaux, ainsi que les moutons et les oiseaux de basse-cour. La paille, fraîche ou sèche, est un très bon fourrage.

XXVII. Autres céréales.

352. Parlez-nous du *maïs* ou *blé de Turquie*.

Le maïs est une grande plante, originaire d'Amérique, et cultivée dans le centre et surtout le midi de la France. Il présente d'assez nombreuses variétés.

353. Comment cultive-t-on cette plante?

On choisit de préférence un sol meuble, chaud, bien fumé. On sème au printemps, le plus souvent en lignes. On détruit les mauvaises herbes par des binages et des sarclages, et on butte la plante dès qu'elle commence à fleurir.

354. Quels sont les usages du maïs?

Le grain seul ne peut servir à faire du pain ; mais on le mange en gâteaux ou en bouillies. Il est excellent pour la nourriture des animaux domestiques, et surtout des oiseaux de basse-cour. Les balles sont employées pour garnir les paillasses, et les tiges sèches servent au chauffage. Enfin, le maïs constitue un très bon fourrage vert.

355. Dites-nous quelques mots du *millet.*

Le millet se cultive comme le maïs, et sert aux mêmes usages. De plus, on peut faire du pain avec sa farine, ou consommer ses graines comme le riz.

356. Qu'est-ce que le *sorgho?*

C'est une grande plante annuelle, qui par son aspect ressemble assez au maïs ; elle est originaire de l'Inde, et se cultive comme le maïs.

357. Quels sont les usages du sorgho?

Sa graine est amère et âpre ; elle ne peut servir à la nourriture de l'homme ; mais on la donne avec succès aux oiseaux de basse-cour. La plante est un bon fourrage vert; sèche, elle sert à faire des balais.

358. Quelles particularités présente le *riz?*

Le riz est originaire de l'Inde; il ne peut se cultiver que dans des pays chauds, et il exige un terrain très humide, ou même complètement inondé. Les endroits où on le cultive se nomment *rizières.*

359. Quels sont les inconvénients de cette culture?

Le séjour prolongé de l'eau dans les rizières rend le pays malsain et sujet aux fièvres.

360. Quels sont les usages du riz?

Le grain peut se conserver très longtemps. Il n'est pas possible d'en faire du pain, mais on le mange bouilli, ou bien on en fait des pâtes ou des gâteaux. Il est usité en médecine. La paille est employée dans l'industrie.

361. Qu'est-ce que le *sarrasin* ou blé noir?

Le sarrasin est une plante annuelle, qui diffère beaucoup des autres céréales par l'aspect, et que l'on cultive surtout dans l'ouest de la France.

362. Comment cultive-t-on le sarrasin?

Cette plante n'est pas exigeante sur la nature du sol, pourvu qu'il soit bien ameubli. On sème au printemps, et tous les soins d'entretien se réduisent à un léger sarclage. Le grain se récolte à l'automne.

363. Quels sont les usages du sarrasin?

Le sarrasin est souvent cultivé avec succès comme fourrage ou comme engrais vert. Sa farine est assez nutritive; elle donne un pain lourd; mais on en fait des galettes et des bouillies estimées. Les graines servent à nourrir les animaux domestiques et surtout les volatiles.

XXVIII. Plantes à cosses.

364. Qu'appelle-t-on *plantes à cosses*?

On appelle *plantes à cosses* les plantes qui produisent des grains farineux renfermés dans des *gousses* ou *cosses*; exemples : les haricots, les pois, les fèves, les lentilles, etc.

365. Parlez-nous d'abord des *haricots*.

Les haricots présentent de nombreuses variétés, qu'on

peut rapporter à deux groupes : les haricots *à rames*, dont les tiges hautes et grimpantes ont besoin d'être *râmées*, c'est-à-dire soutenues par des tuteurs ; et les haricots *nains*, dont les tiges courtes se soutiennent par elles-mêmes.

366. Quelle est la culture des haricots ?

Les haricots veulent un terrain frais et bien ameubli ; on les sème au printemps, en lignes ; on bine et on sarcle au besoin, et l'on butte les pieds.

367. Qu'appelle-t-on *doliques* ?

Ce sont des plantes qui ressemblent aux haricots et se cultivent de même, mais seulement dans les pays chauds.

368. Dites-nous quelque chose des *pois*.

Les pois offrent aussi de nombreuses variétés, qui se divisent en pois *à rames* et pois *nains*.

369. Comment cultive-t-on les pois ?

A peu près comme les haricots ; toutefois, on peut les semer à deux époques, à l'automne et au printemps.

370. Parlez-nous maintenant des *fèves*.

Les fèves présentent deux variétés principales : la *fève de marais*, cultivée surtout dans les jardins potagers, et la *féverolle*, qui est répandue dans les champs.

371. Comment cultive-t-on ces plantes ?

On les sème, suivant les variétés, en automne ou au printemps, dans un sol bien ameubli et fumé. On bine, on sarcle, on butte, et on écime les plantes.

372. En quoi consiste l'*écimage* ?

Aussitôt que les cosses les plus basses commencent à se former, on coupe les cimes ou têtes des plantes, ce qui donne plus de vigueur à celles-ci et en outre détruit les pucerons.

373. Dites-nous quelques mots des *lentilles*.

Les lentilles, qui présentent plusieurs variétés, viennent mieux dans les terres légères. On les sème au printemps, en lignes ou à la volée ; dans le midi, on sème à l'automne. Les soins qu'elles réclament se réduisent à un binage et à un léger buttage.

374. Qu'appelle-t-on *pois chiche* ?

Le pois chiche, qui se rapproche plutôt des gesses que des pois, est une plante annuelle, qu'on reconnaît à ses cosses renflées et à ses graines pointues. On le cultive beaucoup dans le midi de la France. Sa culture est la même que celle des pois.

375. Quels sont les usages des plantes à cosses ?

Leurs graines fournissent en général un aliment très nourrissant pour l'homme et les animaux. Les fanes, vertes ou sèches, sont utilisées comme fourrage.

376. N'y a-t-il pas encore d'autres plantes à cosses ?

Oui, on pourrait citer notamment les lupins, les vesces, les gesses, le fenugrec, etc. Mais ces végétaux sont cultivés surtout comme plantes fourragères.

XXIX. Plantes fourragères.

377. Qu'appelle-t-on *plantes fourragères* ?

Ce sont celles qui produisent le foin ou fourrage destiné à nourrir les animaux domestiques.

378. Y a-t-il avantage à cultiver ces plantes ?

Oui, car elles appartiennent toutes à la catégorie des récoltes améliorantes, nettoyantes ou étouffantes, et permettent ainsi de rendre au sol sa fécondité et de le débarrasser des mauvaises herbes.

379. Est-ce là leur seul avantage ?

Elles permettent encore de nourrir les animaux, qui donnent à leur tour du travail et des engrais.

380. Quelle est la place de ces plantes dans l'assolement?

Elles doivent succéder aux récoltes épuisantes ou salissantes.

381. Doivent-elles occuper une grande étendue ?

Un bon agriculteur doit faire le plus de fourrages possible, en vertu du proverbe : *Si tu veux du blé, fais des prés.*

Fig. 7. Faucheuse.

382. Comment nomme-t-on les terres qu'elles occupent?

Ces terres portent en général le nom de *prairies naturelles* ou *artificielles*.

383. Définissez ces deux sortes de prairies.

La prairie naturelle se compose de plantes nombreuses et variées, qui se reproduisent naturellement, et occu-

pent le sol pendant un temps indéfini. La prairie artificielle renferme un très petit nombre d'espèces, souvent
une seule, qu'on a semées à dessein, et qui ne doivent
occuper le sol que pendant un temps déterminé.

384. Quels sont les soins généraux à donner aux prairies?

Ils se réduisent à peu près à la destruction des
plantes nuisibles, et à l'irrigation, quand on le peut.

385. Comment appelle-t-on la récolte des fourrages ?

On l'appelle *fanage* ou *fenaison.*

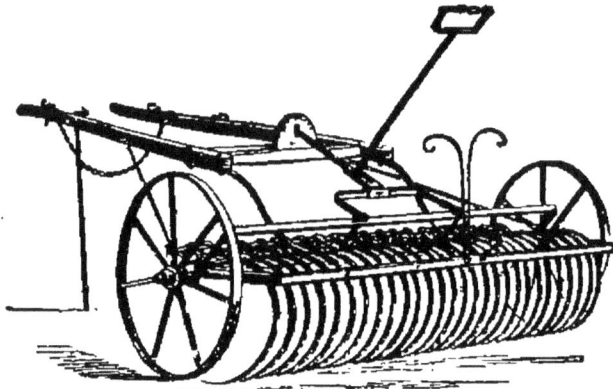

Fig. 8. Râteau à cheval.

386. Comment se fait cette récolte ?

On commence par faucher les plantes fourragères, en
les coupant le plus près possible du sol, à l'aide de la
faux ; quelquefois aussi on se sert de machines à faucher ou *faucheuses* (fig. 7). Le foin coupé se trouve
naturellement étendu sur le sol, en longues bandes,
qu'on appelle *andains* ou *ondains.*

387. En quoi consiste le *fanage* proprement dit ?

A retourner plusieurs fois les andains, jusqu'à ce que
le foin soit assez sec pour être mis en *meulons.* On se

4

sert pour cela de la fourche, du râteau à cheval (fig. 8) ou de la faneuse (fig. 9).

388. Que reste-t-il à faire ensuite ?

Quand les plantes ont *jeté leur feu*, c'est-à-dire que le peu d'humidité qui pouvait s'y trouver encore s'est dissipé, on défait les meulons, puis on met le foin **en** meules, ou bien on le rentre dans la grange, en **bottes** ou en masse.

389. Qu'arrive-t-il si on met le foin en meules avant qu'il ne soit complètement sec ?

Il fermente et prend une couleur brune; mais en même temps il devient moins cassant, plus savoureux, et les animaux le mangent plus volontiers.

Fig. 9. Faneuse.

390. Quand faut-il faucher les plantes fourragères ?

Il faut choisir le moment où elles commencent à fleurir; si on attendait plus tard, elles deviendraient plus dures et épuiseraient le sol.

XXX. Luzerne.

391. Qu'est-ce que la *luzerne?*

La luzerne est une plante vivace, originaire d'Asie, et abondamment cultivée dans une grande partie de la France.

392. N'y a-t-il qu'une seule espèce de luzerne?

Outre la luzerne commune, on peut cultiver la luzerne faucille, la luzerne moyenne ou rustique, la luzerne lupuline ou minette, et la luzerne maculée.

393. Quel est le sol qui convient à la luzerne commune?

Bien que peu difficile à cet égard, elle végète mieux et donne de meilleurs produits dans les terres profondes et perméables, les terrains d'alluvion, les sols limoneux, silicéo-argileux ou silicéo-calcaires.

394. Quelle préparation faut-il donner au sol?

Il doit être bien ameubli et nettoyé des mauvaises herbes, surtout des plantes vivaces à racines traçantes.

395. Comment sème-t-on la luzerne?

On la sème, dans le midi, à l'automne, et, dans le nord, au printemps. On recouvre la graine par un hersage, en ayant soin de l'enterrer peu profondément.

396. Quelles sont les plantes qui nuisent à la luzerne?

Ce sont : la *cuscute* ou *teigne*, dont les rameaux longs et grêles entourent et étouffent les tiges de la luzerne; le *rhizoctone*, champignon filamenteux qui s'attache aux racines; le chiendent, l'avoine à chapelet, etc.

397. Quels soins particuliers exige la luzerne?

Tous les ans, vers la fin de l'hiver, on donne un hersage énergique, ou bien une façon au scarificateur. On applique aussi des amendements ou des engrais.

398. Combien de fois peut-on faucher la luzerne?

Cette plante, suivant la chaleur du climat et le degré de fertilité du sol, donne, tous les ans, de trois à six coupes, réparties depuis avril jusqu'en novembre.

399. Quelle précaution spéciale exige cette récolte?

La luzerne étant sujette à s'échauffer, à moisir et à perdre ses feuilles, il faut la laisser faner plus long-temps, avant de la mettre en meules ou de la rentrer.

400. Quelle est la durée des luzernières?

Cette durée varie, suivant les circonstances, de six à quinze ans; mais ordinairement on n'attend pas la li-mite extrême, et on défriche ou on *rompt* la luzernière dès que ses produits diminuent notablement.

401. Quelles sont les propriétés nutritives de la luzerne?

La luzerne est un excellent fourrage; mais il faut la donner aux animaux en quantité modérée, surtout quand elle est fraîche, et l'associer à la paille, aux grains ou à d'autres aliments secs.

402. Parlez-nous de la luzerne faucille et de la luzerne moyenne ou rustique.

Ces plantes sont moins productives que la luzerne commune; mais elles ont l'avantage de réussir sous des climats plus froids et dans des terrains médiocres.

403. Dites-nous un mot de la luzerne lupuline.

La lupuline, appelée à tort *trèfle jaune*, est une plante bisannuelle, rustique et peu exigeante pour le sol. C'est un très bon fourrage, mais rarement assez abondant pour qu'on prenne la peine de le faucher. Le plus souvent on le fait pâturer sur place.

XXXI. Trèfle et sainfoin.

404. Qu'est-ce que le *trèfle rouge*?

Le trèfle rouge ou commun est une plante bisannuelle, qui croît naturellement en Europe, et que l'on cultive fréquemment en prairies artificielles.

405. Quel est le climat qui convient au trèfle?

Il préfère les climats tempérés, humides et brumeux, et craint beaucoup la sécheresse.

406. Quels sont les sols où il réussit le mieux?

Les terrains calcaréo-argileux ou calcaréo-siliceux, profonds, perméables et suffisamment riches, d'ailleurs bien ameublis par de bons labours.

407. Comment sème-t-on le trèfle?

On le sème, suivant les climats, depuis l'automne jusqu'au printemps. Le semis a toujours lieu à la volée, ordinairement sur un sol qui porte déjà d'autres plantes assez hautes pour le protéger. La graine doit être recouverte comme celle de la luzerne.

408. Quels soins d'entretien exige le trèfle?

Le trèfle a les mêmes ennemis à peu près que la luzerne et exige des soins analogues.

409. Quand récolte-t-on le trèfle?

Cette plante, qui constitue le plus précoce des fourrages artificiels, donne ordinairement deux coupes annuelles : l'une en mai ou juin, l'autre en août ou septembre, et en outre un regain qui se montre en octobre.

410. Parlez-nous de la récolte et des usages du trèfle.

Le trèfle se récolte comme la luzerne et possède des propriétés analogues.

411. Cultive-t-on d'autres espèces de trèfle?

Oui, on peut citer notamment le trèfle rampant,

4.

moins productif que le précédent, mais qui réussit
mieux sur les terres sèches ; le trèfle hybride et le trèfle
élégant, aussi rustiques, mais plus productifs ; le trèfle
incarnat, cultivé surtout dans le midi de la France.

412. Parlez-nous maintenant du *sainfoin*.

Le sainfoin ou esparcette est une plante vivace, originaire du midi de l'Europe.

413. Comment sème-t-on le sainfoin ?

Après avoir préparé la terre comme pour la luzerne,
on le sème, suivant le climat, à l'automne ou au printemps, à la volée, et on recouvre la graine assez profondément.

414. Quand récolte-t-on le sainfoin ?

On fait une première coupe, en mai ou juin, suivant
les climats. On en obtient une seconde en septembre ou
octobre ; mais le plus souvent on fait pâturer celle-ci
sur place par les bêtes à cornes.

415. Quelle est la durée du sainfoin ?

Elle est généralement de dix à quinze ans.

416. Quelles sont les propriétés de cette plante ?

Elle est généralement regardée comme le meilleur
fourrage vert ou sec. Ses graines sont fort recherchées
par les oiseaux de basse-cour.

417. Qu'est-ce que le sainfoin d'Espagne ou *sulla* ?

C'est une grande et belle plante, à fleurs d'un rouge
vif, cultivée uniquement dans le midi de l'Europe,
et qui produit beaucoup plus que le sainfoin ordinaire.

XXXII. Vesces, gesses, etc.

418. Qu'est-ce que la *vesce* commune ?

La vesce, appelée aussi quelquefois *jarosse*, est une

plante annuelle, qui ressemble beaucoup aux lentilles. On la cultive dans presque toute la France.

419. Quel est le sol qui convient à cette plante ?

La vesce aime une terre argilo-calcaire ou argilo-siliceuse, bien labourée et nettoyée des mauvaises herbes.

420. Comment sème-t-on les vesces ?

Le semis a lieu à l'automne ou au printemps, suivant les variétés qu'on cultive. On sème à la volée, et on recouvre à la herse, qu'on fait suivre par le rouleau, dans les terres légères et sèches.

421. La vesce est-elle semée seule ?

Comme les tiges de cette plante traîneraient sur le sol, on sème ordinairement avec elle, pour leur servir d'appui, une plante à tige ferme et dressée, telle que l'orge ou l'avoine d'hiver.

422. Cette plante exige-t-elle des soins ?

Non, il n'y a aucun soin à lui donner jusqu'à sa récolte, qui a lieu dans le courant de l'été.

423. Y a-t-il d'autres espèces de vesces cultivées ?

Oui, on cultive quelquefois la vesce velue et la vesce multiflore.

424. Quelles sont les qualités de la vesce ?

La vesce est un très bon fourrage vert ; mais le plus souvent on le fait sécher pour le donner, en hiver, aux bestiaux, qui l'aiment beaucoup. Ses graines servent à nourrir le bétail et les oiseaux de basse-cour.

425. Parlez-nous maintenant des *gesses*.

Les gesses, appelées aussi *pois carrés*, se rapprochent beaucoup des vesces. La gesse commune est une plante annuelle, cultivée surtout dans le midi.

426. Comment cultive-t-on cette plante ?

La gesse préfère les terres calcaires, légères ; mais

elle s'accommode des sols les plus médiocres, pourvu qu'ils ne soient pas trop humides. On la sème au printemps ou à l'automne, et on l'associe quelquefois à l'avoine d'hiver.

427. Quelles sont les propriétés de la gesse?

Les mêmes que celles de la vesce. Ses graines servent aussi dans certains pays à la nourriture de l'homme.

428. Y a-t-il d'autres espèces de gesse cultivées?

Oui, on cultive encore la gesse chiche ou jarosse, la gesse variable, la gesse de Tanger, etc.

429. Quelles sont les plantes fourragères qui se rapprochent le plus de celles dont nous venons de parler?

On peut citer, entre autres, les lupins, l'anthyllide, le fenugrec, le mélilot, le lotier, le galéga, les pois, les fèves, les lentilles, l'orobe, la coronille, la serradelle, etc.

430. Quelle est la culture et l'utilité de ces plantes?

Elles se rapprochent plus ou moins, sous ces deux rapports, des précédentes. On les cultive aussi comme engrais verts.

431. Qu'est-ce que l'*ajonc* ou *landier*?

C'est un arbuste épineux, à fleurs jaunes; il constitue un excellent fourrage; mais il faut le broyer, à cause de ses épines, avant de le donner au bétail.

XXXIII. Fourrages graminés.

432. Qu'appelle-t-on *fourrages graminés*?

On désigne sous ce nom les plantes fourragères qui appartiennent au groupe des *graminées*, ou, comme on dit vulgairement, des *gramens*.

133. Quelles sont celles de ces plantes que l'on cultive assez souvent en prairies artificielles?

Ce sont : les ivraies vivaces ou *ray-grass*, les vulpins, la fléole, le fromental, le moha, l'alpiste, etc.

434. Parlez-nous d'abord du *ray-grass*.

Le ray-grass est une espèce d'ivraie vivace, que l'on cultive fréquemment dans les jardins, où elle sert à former des pelouses ou des gazons. On la cultive aussi avec succès dans les champs, surtout dans les climats humides et brumeux. C'est un excellent fourrage, qui a la propriété de repousser à mesure qu'il est brouté. Aussi le fait-on très souvent pâturer sur place par les bêtes à laine.

435. N'y a-t-il pas une autre espèce de ray-grass?

Oui, on cultive quelquefois le ray-grass d'Italie ; c'est un fourrage très productif, qui donne plusieurs coupes d'un foin de très bonne qualité.

436. Parlez-nous maintenant du *vulpin*.

Le vulpin des prés est une plante vivace, qui croît de préférence dans les terrains frais ; son foin, moins fin que celui du ray-grass, a l'avantage d'être à la fois abondant, précoce, appétissant et nutritif.

437. Dites-nous quelques mots de la *fléole*.

La fléole des prés, appelée aussi quelquefois *timothy*, est vivace, et végète de préférence sur les sols argileux frais et les terres légères et profondes. Son foin est un peu gros, mais de bonne qualité ; il convient aux chevaux et aux bêtes à cornes.

438. Qu'est-ce que le *fromental*?

Le fromental ou avoine élevée est une grande plante vivace, qui a l'avantage de réussir sur les terrains pauvres, pourvu qu'ils ne soient pas humides. Son foin est de bonne qualité, bien qu'inférieur à celui du ray-grass.

39. Comment cultive-t-on les plantes précédentes?

Le sol étant bien ameubli et exempt de mauvaises herbes, on sème à l'automne dans les terres sèches, et au printemps dans les terrains frais. Le semis, fait à la volée, est recouvert à la herse ou au râteau. Les soins d'entretien se réduisent à l'irrigation, quand elle est possible.

440. Qu'est-ce que le *moha* de Hongrie?

Le moha est une plante annuelle, voisine du millet; il préfère les terrains profonds, calcaires, mélangés d'argile ou de silice, et suffisamment riches. Son fourrage convient aux bêtes à cornes, et ses graines aux oiseaux de basse-cour.

441. Dites-nous un mot de l'*alpiste* ou millet long.

L'alpiste est annuel et végète bien sur les sols secs et sablonneux de fertilité moyenne. Son fourrage, fauché de bonne heure, est recherché par les bêtes à cornes.

442. Comment cultive-t-on ces deux plantes?

Le sol étant bien préparé, comme à l'ordinaire, on sème depuis avril jusqu'en juin, suivant les climats, à la volée, et on recouvre avec une herse légère.

443. Quels sont les autres fourrages graminés?

Ce sont le maïs, le sorgho, le seigle, l'avoine, l'orge, déjà mentionnés et décrits comme céréales.

XXXIV. Fourrages divers.

444. Parlez-nous de la *chicorée sauvage*.

La chicorée sauvage est une plante vivace, à fleurs bleues, qui croît naturellement en Europe. Elle préfère les terrains calcaires ou argilo-calcaires, assez profonds.

On la sème à la volée, au printemps ou à l'automne ; on donne tous les ans un hersage. Elle donne trois à six coupes par an.

445. Quelle est la valeur de ce fourrage?

On le donne toujours en vert, et souvent même on le fait pâturer sur place. Il convient aux bœufs et aux moutons ; il a une saveur amère et des propriétés toniques.

446. Dites-nous quelques mots de la *pimprenelle*.

La pimprenelle est aussi vivace ; elle a l'avantage de croître sur les terres sèches, calcaires ou siliceuses. On la sème à la volée, au printemps ou à l'automne, et on l'enterre peu profondément. Elle fournit jusqu'à huit coupes. Verte, elle convient aux vaches et aux chevaux ; sèche, elle est fort recherchée par les moutons.

447. Quelle est l'utilité du *pastel?*

Le pastel est cultivé surtout comme plante tinctoriale ; il fournit encore un bon fourrage vert.

448. Qu'est-ce que la *spergule* ou *spargoute* ?

La spergule est une plante annuelle, commune en Europe, et cultivée surtout sous les climats humides. Elle croît de préférence sur les terrains sablonneux, même médiocres.

449. Comment cultive-t-on cette plante?

Il suffit de donner au sol un labour léger ; on sème au commencement du printemps et vers le milieu de l'été. La plante végète rapidement ; mais elle reste quelquefois très basse, et comme elle est d'ailleurs difficile à faner, on la fait ordinairement pâturer sur place.

450. Quelle est sa valeur comme fourrage ?

Elle convient très bien à tous les animaux, mais par-dessus tout aux vaches laitières.

451. Dites-nous un mot de la *moutarde blanche*.

La moutarde blanche est une plante annuelle, qui

végète très bien sur les sols argilo-calcaires ou siliceux. On la sème, en été, à la volée, après un léger labour, sur les terres qui ont produit du froment ou de l'avoine. C'est un bon fourrage vert, qui convient aux vaches laitières ; mais il ne faut pas le leur donner seul, à cause de sa saveur âcre, qui pourrait se communiquer au lait.

452. Que direz-vous du *colza* et de la *navette* ?

Cultivées surtout pour leurs graines oléagineuses, ces plantes fournissent aussi un bon fourrage vert pour les bêtes à cornes.

453. Quelles sont les autres plantes fourragères ?

On peut citer encore : le sarrasin, les choux, la berce de Sibérie, le boucage, la consoude, la grande ortie, la spirée ulmaire ou reine des prés, la millefeuilles, la bistorte, le bunias, les courges ou citrouilles, etc.

454. Qu'appelle-t-on *feuillards* ?

Ce sont des feuilles d'arbres qui peuvent servir à la nourriture du bétail ; les arbres qui conviennent le mieux pour cela sont : le peuplier, l'orme, l'aune, le charme, le bouleau, le frêne, le tilleul, la vigne, le robinier, etc.

XXXV. — Prairies naturelles.

455. Rappelez la définition des prairies naturelles.

Une prairie *naturelle*, ou, pour mieux dire, une prairie *permanente*, se compose de plantes nombreuses et variées, qui se reproduisent naturellement, exigent peu de soins et occupent le sol pendant un temps indéterminé.

456. Quelle différence y a-t-il entre les prairies et les pâturages ?

On appelle *prairies* proprement dites ou *prés* celles

dont le produit est fauché, et *pâturages*, *herbages* ou *pacages*, celles dont le foin est pâturé sur place par les bestiaux.

457. Comment divise-t-on encore les prairies?

On les divise, suivant leur élévation, en prairies *hautes*, prairies *moyennes* et prairies *basses*, et, suivant le degré d'humidité du sol, en prairies *sèches*, *fraîches* et *humides*.

458. Comment divise-t-on les plantes des prairies, au point de vue de leur valeur respective?

On peut les ranger en trois catégories : les plantes *utiles*, les plantes *indifférentes* et les plantes *nuisibles*.

459. Qu'appelez-vous plantes utiles?

Ce sont celles qui donnent un produit abondant, nutritif et recherché par les bestiaux.

460. Quelles sont les plus importantes de ces plantes?

Ce sont celles qui servent à former les prairies artificielles, et dont nous avons déjà parlé.

461. N'y a-t-il pas encore quelques plantes utiles?

Oui; on peut citer notamment, parmi les graminées : les agrostides, les amourettes ou brizes, quelques bromes, la canche, la crételle, le dactyle, les fétuques, la flouve, les houlques, les méliques, les paturins, etc.; et, parmi les autres, le pissenlit, le cumin des prés, la filipendule, le caille-lait, la cardamine, etc.

462. Qu'appelez-vous plantes indifférentes?

Celles qui, n'étant ni bonnes ni mauvaises, augmentent plutôt la masse que la qualité du foin.

463. Citez quelques exemples de ces plantes.

Ce sont : l'eupatoire, le salsifis des prés, le cerfeuil sauvage, la bétoine, la sauge des prés, la scrofulaire, l'aigremoine, l'oseille sauvage, la vipérine, la salicaire, etc.

5

464. Quelles sont les plantes nuisibles aux prairies?

Ce sont celles qui étouffent les bonnes plantes, et surtout celles qui peuvent empoisonner les bestiaux.

465. Quelles sont les plantes les plus nuisibles?

Ce sont surtout : les renoncules, les berles, les œnanthes, les ciguës, le colchique, les prêles, les menthes, la gratiole, les pédiculaires, les glayeuls, les euphorbes, les orpins, le rossolis, etc.

466. Comment crée-t-on les prairies naturelles ?

Ordinairement, on répand sur le sol de la *graine de foin* ; mais cette méthode a l'inconvénient de propager les plantes nuisibles dont les graines sont mélangées avec celle des bonnes.

467. Quelle est donc la meilleure méthode?

Elle consiste à semer des graines recueillies séparément et mélangées en proportions convenables, en choisissant d'ailleurs des plantes appropriées à la nature du sol.

468. Quels soins d'entretien exigent les prairies naturelles ?

En général, les mêmes que pour les prairies artificielles; toutefois les irrigations et la destruction des plantes nuisibles ont ici bien plus d'importance.

XXXVI. — Plantes sarclées.

469. Qu'appelle-t-on *plantes sarclées*?

On désigne sous ce nom des plantes qui sont généralement cultivées en lignes, et peuvent ainsi recevoir, pendant leur végétation, des façons diverses et surtout des sarclages.

470. Ces plantes n'ont-elles pas encore un autre nom?

On les appelle aussi *récoltes-racines*, parce que la

plupart sont cultivées pour leurs racines ou leurs parties souterraines.

471. Quel est l'avantage des plantes sarclées?

Elles ont d'abord un avantage immédiat, celui de fournir au cultivateur.des produits alimentaires ou industriels très importants; de plus, elles laissent aux cultures qui les suivent un sol bien ameubli et bien nettoyé. A ce double point de vue, elles remplacent avec succès la jachère.

472. Quelle est la place des plantes sarclées dans l'assolement?

Il y a tout avantage à les placer en tête de l'assolement et à leur appliquer la fumure, car les mauvaises herbes que celle-ci pourrait faire développer seront détruites par les nombreuses façons qu'exigent ces plantes.

473. Les plantes sarclées offrent-elles quelque particularité au point de vue des assolements?

Oui; l'époque avancée à laquelle on récolte le plus souvent les produits de ces plantes ne laisse pas le temps de préparer le sol pour les semailles des céréales d'automne; aussi les fait-on suivre ordinairement par une céréale de mars.

474. Quels sont les soins que nécessitent ces plantes?

Les binages, les sarclages et les buttages.

475. Comment divise-t-on les plantes sarclées?

On peut les distinguer en trois groupes principaux, suivant qu'on les cultive pour leurs feuilles, pour leurs tubercules ou pour leurs racines.

476. Quelles sont les plus importantes des plantes sarclées cultivées pour leurs feuilles?

Ce sont les choux pommés ou non pommés. Les premiers se distinguent par leurs feuilles recourbées en dedans et réunies en une sorte de boule ou pomme.

477. Comment cultive-t-on les choux pommés ?

On les sème presque toujours en pépinière, vers la fin de l'hiver. Environ trois mois après, on les repique en lignes, dans un sol bien labouré et bien fumé, et on arrose, à moins qu'il ne survienne de la pluie. On donne les soins ordinaires, et on commence à récolter dès le mois d'octobre.

478. Quelles sont les variétés de choux non pommés que l'on cultive de préférence ?

Ce sont : le *chou cavalier* ou *grand chou à vaches*, le *chou caulet de Flandre*, le *chou branchu* ou *du Poitou*, le *chou à moelle* et les *choux frisés*.

479. Comment cultive-t-on les choux non pommés ?

Leur culture est la même que celle des choux pommés ; mais on récolte leurs feuilles au fur et à mesure des besoins. Plus tard, on récolte les trognons restés dans le sol.

480. Quelle est la valeur des choux comme fourrage ?

Ils sont bien moins nutritifs que le foin des prairies; ils constituent toutefois un bon aliment et une ressource pour l'hiver. Ils conviennent surtout aux bêtes à cornes; mais il est bon de les associer à des fourrages secs.

XXXVII. — Tubercules.

481. Qu'appelle-t-on *tubercules* ?

Les *tubercules* sont des rameaux renflés, charnus ou farineux, qui croissent sous terre et ressemblent aux racines, avec lesquelles on les confond souvent dans la pratique agricole.

482. Quelles sont les principales plantes à tubercules ?

Ce sont la pomme de terre et le topinambour.

483. Parlez-nous d'abord de la *pomme de terre*.

La pomme de terre, appelée aussi *morelle tubéreuse* ou *parmentière*, est une plante vivace en Amérique, son pays natal, mais cultivée chez nous comme plante annuelle. Introduite depuis plusieurs siècles, elle a produit de nombreuses variétés dans la forme, le volume et la couleur des tubercules.

484. Quel est le sol qui convient à la pomme de terre?

Elle réussit dans tous les terrains meubles et profonds, pourvu qu'ils ne soient pas trop humides.

485. Comment cultive-t-on cette plante?

Le sol étant bien préparé et fumé, on plante les tubercules, à l'automne ou au printemps, avec la houe, la bêche ou la charrue, à une assez grande profondeur.

486. Quels soins d'entretien exige la pomme de terre?

Un hersage, des binages et un buttage. On a conseillé aussi de supprimer les fleurs à mesure qu'elles paraissent, afin de faire grossir les tubercules.

487. Comment fait-on la récolte des pommes de terre?

Elle a lieu à la fin de l'été pour les variétés précoces, et un peu plus tard pour les races tardives. Elle s'opère à la houe, à la fourche ou à la charrue. On conserve les tubercules en cave, ou dans des silos recouverts de terre.

488. Quels sont les usages de cette plante?

Les tubercules constituent un excellent aliment pour l'homme et les animaux domestiques. On en retire de la fécule ou amidon et de l'alcool.

489. Parlez-nous maintenant du *topinambour*.

Le topinambour est une plante vivace, à tiges très hautes, portant de grandes et belles fleurs jaunes. Il est originaire du Brésil.

490. Quels sont les sols qui conviennent au topinambour?

Il préfère les sols calcaires, mais croît dans tous ceux

qui ne sont ni trop humides ni à sous-sol imperméable.

491. Parlez-nous de la culture de cette plante.

Elle est presque en tout semblable à celles des pommes de terre. Mais la plantation se fait toujours à la charrue, et la récolte n'a lieu que dans le courant de l'hiver.

492. Quels sont les usages du topinambour ?

Les tubercules constituent un aliment agréable pour l'homme. Ils conviennent aussi aux bêtes à cornes et aux moutons. Les tiges et les feuilles vertes sont encore utilisées comme fourrage. Les tiges sèches servent à chauffer les fours.

493. Dites-nous un mot de la *batate* ou *patate*.

La patate est originaire des pays chauds. Elle n'est guère cultivée que dans le midi. Elle demande des terres riches et assez légères. Ses tubercules, difficiles à conserver, fournissent à l'homme un aliment très délicat. On les donne aussi aux animaux, ainsi que les tiges vertes.

XXXVIII. — Racines.

494. Parlez-nous de la *betterave*.

La betterave est une plante bisannuelle, à racine grosse et charnue ; elle présente de nombreuses variétés.

495. Comment cultive-t-on cette plante ?

La betterave préfère les terres franches, les sols argilo-calcaires ou argilo-siliceux, profonds, fertiles et substantiels, préparés par plusieurs labours et abondamment fumés. On sème, suivant le climat, depuis février jusqu'en mai, à la main ou au semoir, en place, mais toujours en lignes. Les betteraves semées en pépinière ou sur couches sont transplantées à la fin du printemps. Les soins d'entretien consistent en binages, sarclages et buttages. L'irrigation, quand elle est possible, donne aussi de bons résultats.

496. Comment se fait la récolte des betteraves ?

De la mi-septembre à la fin d'octobre, on arrache les racines, à la bêche, à la fourche ou à la charrue ; on les débarrasse des feuilles, et on les conserve en cave ou en silos.

497. Quels sont les usages de la betterave ?

La racine sert pour la nourriture de l'homme, mais surtout pour celle des animaux domestiques. On en obtient aussi du sucre, de l'alcool et même une sorte de café. On donne encore aux bestiaux les feuilles et les résidus ou marcs des diverses fabrications indiquées ci-dessus.

498. Parlez-nous maintenant de la *carotte*.

La carotte est aussi une plante bisannuelle, à racine grosse et charnue, et présentant de nombreuses variétés.

499. Quelle est la culture de cette plante ?

A peu près celle de la betterave. Toutefois la carotte préfère les terres légères et fraîches. On la sème toujours sur place, en lignes, et on éclaircit les plants quand ils sont trop serrés. La récolte a lieu à l'automne.

500. Quels sont les usages de cette plante ?

La carotte fournit à l'homme et aux animaux un aliment plus agréable et plus nutritif que la betterave. Les feuilles peuvent être données au bétail.

501. Dites-nous quelques mots du *panais*.

Le panais est une plante bisannuelle, cultivée surtout dans l'ouest. Sa culture diffère peu de celle de la carotte, mais il est plus exigeant. Il lui est supérieur aussi comme aliment. Sa racine, peut-être aussi ses feuilles, conviennent surtout aux chevaux et aux vaches laitières.

502. Qu'appelle-t-on *raves*, *rutabagas*, *navets*, etc. ?

On désigne sous ces noms des espèces ou variétés de choux, à racine grosse, renflée et charnue. Cette racine est le plus souvent aplatie dans les raves, arrondie dans les rutabagas et allongée dans les navets.

503. Comment cultive-t-on ces plantes ?

Leur culture ressemble beaucoup à celle de la bette-rave. Elles aiment les sols légers, meubles et frais, bien fumés. On sème à la volée, ou mieux en lignes, depuis mai jusqu'en juillet. On récolte les racines en novembre.

504. Quels sont les usages de ces plantes ?

Les racines, moins nutritives que celles de la carotte, sont un bon aliment pour l'homme et les animaux, surtout pour les bœufs et vaches à l'engrais. Les feuilles peuvent aussi servir de fourrage vert, comme celles des choux.

XXXIX. — Plantes oléagineuses.

505. Qu'appelle-t-on plantes *industrielles* ou *commerciales* ?

Ce sont les plantes dont les produits sont en général employés dans l'industrie, et subissent diverses préparations avant d'être livrés au commerce. On les divise en plantes oléagineuses, textiles, tinctoriales et économiques.

506. Qu'entend-on par plantes *oléagineuses* ?

Ce sont celles qui sont cultivées surtout pour leurs graines, dont on extrait de l'huile.

507. Qu'est-ce que le *colza?*

Le colza est une variété de chou; on distingue le colza d'hiver et le colza de printemps.

508. Comment cultive-t-on cette plante?

Le colza demande un sol riche, meuble, frais sans être humide, et bien fumé. On le sème sur place, à la volée ou mieux en lignes, ou en pépinière, pour repiquer en lignes. On nettoie le sol par des binages, des sarclages et des hersages. La récolte a lieu depuis juin jusqu'en août.

509. Quels sont les usages du colza?

L'huile est assez bonne pour la cuisine et très estimée pour l'éclairage. Les feuilles forment un bon fourrage vert. Le tourteau ou marc est employé pour nourrir le bétail ou pour engraisser les terres.

510. Qu'est-ce que la *navette?*

La navette est encore une variété de chou. On distingue la navette d'hiver et la navette d'été. La culture est à peu près la même que celle du colza. Toutefois la navette est moins exigeante pour le sol, mais ses produits sont moins abondants. L'huile est employée surtout dans l'industrie.

511. Dites-nous un mot de la *cameline.*

La cameline est une plante annuelle, cultivée surtout dans le nord et l'ouest. Sa culture et ses propriétés diffèrent peu de celle de la navette.

512. Parlez-nous maintenant du *pavot.*

Le pavot est une plante annuelle, originaire de l'orient, dont le suc laiteux donne l'*opium* du commerce, e dont les graines servent à faire l'huile d'œillette.

513. Comment cultive-t-on le pavot?

Le pavot préfère les sols légers, riches et profonds, à sous-sol très perméable. On le sème à la volée, vers

5.

la fin de l'hiver, et on recouvre par un léger hersage et un roulage. Plus tard, on éclaircit, on bine et on sarcle.

514. Comment se fait la récolte du pavot?

On le récolte dans le cours du mois d'août, mais un peu avant la maturité des capsules ou têtes, afin que la graine ne s'échappe pas. On arrache doucement les tiges, que l'on réunit en bottes, la tête en haut. Au bout de dix à douze jours, la maturité est complète. On bat alors les capsules, à la gaule ou au fléau, pour extraire la graine.

515. Quelles sont les propriétés du pavot?

L'huile de pavot ou d'œillette est bonne pour l'alimentation, mais médiocre pour l'éclairage et l'industrie. Les tourteaux peuvent remplacer ceux du colza. Les tiges sèches servent à couvrir les meules, ou comme litière. Les têtes de pavot et l'opium sont employés en médecine.

516. Quelles sont les autres plantes oléagineuses?

Ce sont : la moutarde blanche, le sésame, l'arachide, et le madia, peu répandus en France ; le chanvre, le lin et le cotonnier, cultivés surtout comme plantes textiles.

XL. — Plantes textiles.

517. Qu'appelle-t-on plantes *textiles?*

Ce sont celles dont on retire une filasse propre à faire de la toile ou des tissus analogues.

518. Parlez-nous d'abord du *chanvre.*

Le chanvre est une plante annuelle, dioïque, originaire des contrées chaudes de l'Asie.

519. Qu'entendez-vous par ce mot *dioïque?*

Cela veut dire que le chanvre a ses organes sexuels séparés de telle sorte que certains pieds ne portent que des fleurs mâles, d'autres que des fleurs femelles.

520. Quels sont les sols qui conviennent au chanvre ?

Ce sont les sols de consistance moyenne, frais, riches, profonds, et surtout les terrains d'alluvion.

521. Comment cultive-t-on le chanvre ?

Le sol étant bien ameubli et bien fumé, on sème **vers** la fin d'avril, à la volée et mieux en lignes, on recouvre avec la herse, et l'on répand à la surface du sol de l'engrais bien divisé. Il faut protéger pendant quelque temps le semis contre les oiseaux. Les soins d'entretien se bornent à biner, à sarcler et à éclaircir.

522. Comment fait-on la récolte du chanvre ?

On arrache les pieds mâles en août, et les femelles en septembre. On détache la graine de ceux-ci par le battage ou à l'aide d'une sorte de peigne en fer. Puis on fait *rouir* le chanvre, c'est-à-dire qu'on le laisse tremper quelque temps dans l'eau ; après l'avoir retiré, on le laisse sécher ; enfin on bat ou on broie les tiges pour en retirer la filasse.

523. Quels sont les usages du chanvre ?

Ses fils servent à faire de la toile ; ses graines, à nourrir les oiseaux. On peut aussi en extraire une bonne huile. Les tiges sèches sont utilisées pour le chauffage.

524. Parlez-nous maintenant du lin.

Le lin est aussi une plante annuelle, originaire de la Haute Asie. On le cultive surtout dans le nord.

525. Comment cultive-t-on le lin ?

Le lin préfère les terres fraîches ou d'alluvion, bien ameublies et amendées avec du fumier bien consommé. Le lin d'hiver se sème à l'automne, et le lin d'été au printemps. On sème très dru, à la volée, et l'on recouvre la graine par un hersage suivi d'un roulage. Les soins d'entretien consistent en binages, sarclages, et en irrigations, si c'est possible.

526. Comment se fait la récolte du lin?

Le lin est mûr au commencement de l'été; on arrache alors les tiges à la main; quand les graines sont sèches, on les sépare de la tige par le battage ou le peignage; puis on fait rouir les tiges et on les bat, comme celles du chanvre.

527. Quels sont les usages du lin?

La filasse est plus fine, mais moins forte et moins durable que celle du chanvre. Les graines sont employées en médecine. L'huile qu'on en extrait est siccative, et usitée en peinture et en chirurgie. Les tourteaux sont donnés aux bestiaux, ou utilisés comme engrais.

528. Y a-t-il encore d'autres plantes textiles?

Oui, on peut citer : le genêt, le cotonnier, l'ortie de Chine, le phormion tenace, l'asclépiade de Syrie, etc; mais ces dernières n'ont guère été cultivées en France qu'à titre d'essai.

XLI. — Plantes tinctoriales.

529. Qu'appelle-t-on plantes *tinctoriales*?

Ce sont celles dont on retire une matière colorante employée dans la teinture.

530. Parlez-nous de la *garance*.

La garance est une plante vivace, à tiges et à feuilles rudes, qui croît naturellement en France, et que l'on cultive assez abondamment dans certains pays.

531. Quelle est la culture de la garance?

La garance exige un terrain léger ou bien ameubli,

profond, riche et bien fumé. On sème sur place, en lignes, ou en pépinière, à la volée, pour repiquer en lignes. Le semis a lieu, suivant le climat, depuis février jusqu'en avril. Les soins d'entretien consistent en hersages et en sarclages. Dans le midi, on peut donner des arrosements modérés et par infiltration. On récolte à l'automne de la seconde ou de la troisième année.

532. Quels sont les usages de cette plante?

Elle donne une couleur rouge très solide. La racine entière porte dans le commerce le nom d'*alizari*; réduite en poudre, elle devient la *garance*, dont on retire la *garancine*. Les tiges et les feuilles donnent un très bon fourrage.

533. Qu'est-ce que la *gaude* ?

La gaude, appelée aussi *vaude* ou *herbe à jaunir*, est une espèce de réséda, qui croît en France, et présente deux variétés principales. Elle préfère les terres légères; un seul labour suffit. On sème en place, la gaude d'automne en juillet et août, et la gaude de printemps en mars. On éclaircit, et on sarcle au besoin. On récolte les tiges, en les arrachant, vers la fin de l'été, quand elles commencent à jaunir.

534. Quels sont les usages de la gaude ?

Elle renferme, surtout dans sa partie supérieure, une matière colorante très estimée pour teindre en jaune. Les graines peuvent fournir de l'huile à brûler.

535. Parlez-nous maintenant du *pastel*.

Le pastel des teinturiers, appelé aussi *guède* ou *vouède*, est une plante bisannuelle, qui croît en France. Sa culture est peu répandue. Le pastel supporte bien les froids et se contente des terrains pauvres. On sème au printemps ou mieux à l'automne, a la volée ou mieux en lignes. On recouvre à la herse, on bine et on sarcle au besoin. La récolte se fait au fur et à mesure des besoins.

536. Quels sont les usages du pastel ?

Le pastel renferme une matière colorante bleue, analogue à l'indigo. C'est aussi un excellent fourrage.

537. Dites-nous quelques mots du *safran*.

Le safran est une petite plante bulbeuse ou à ognon. Il demande un terrain léger et fertile. Ses fleurs servent à teindre en un jaune doré, beau, mais peu solide. On les emploie en médecine, en parfumerie et en confiserie. Les fanes sont une excellente nourriture pour les vaches laitières.

538. Qu'est-ce que le *carthame* ?

Le carthame ressemble beaucoup à un chardon. Ses fleurs servent à teindre en rouge ou en rose, et à colorer les mets. On l'appelle aussi *safranum* ou *safran bâtard*.

539. Y a-t-il encore d'autres plantes tinctoriales ?

On peut citer la maurelle, le genêt et la renouée des teinturiers, qui sont très peu cultivés en France.

XLII. — Plantes économiques.

540. Qu'appelle-t-on plantes *économiques* ?

Ce sont les plantes industrielles qui ne rentrent dans aucune des trois catégories précédentes.

541. Parlez-nous d'abord du *houblon*.

Le houblon est une plante vivace, grimpante, dioïque comme le chanvre, qui croît en Europe et qu'on cultive beaucoup dans les contrées du nord.

542. Quelle est la culture de cette plante ?

Le houblon aime les terres légères, fraîches, profondes, riches, bien labourées et bien fumées. On le propage rarement par graines, et le plus souvent en divisant les vieilles souches, ou en bouturant les tiges ou les rameaux. La plantation se fait à l'automne ou au printemps ; elle exige des binages et des sarclages fréquents. On plante aussi des perches de plusieurs mètres, où les tiges puissent s'enrouler. A partir de la seconde année, on récolte tous les ans les cônes ou fruits.

543. Quels sont les usages du houblon ?

La poussière jaune qui se trouve entre les écailles des cônes sert à donner à la bière une amertume agréable, à la rendre meilleure, plus tonique, plus digestive et plus facile à conserver. Les jeunes pousses peuvent se manger. Les feuilles forment un bon fourrage, et les tiges rouies donnent de la filasse.

544. Parlez-nous maintenant du *tabac.*

Le tabac est une plante annuelle, originaire du Mexique. Il végète très bien sous nos climats ; mais ne peut pas le cultiver qui veut. Sa culture n'est autorisée par l'Etat que dans quelques départements, et elle est réglée par des ordonnances auxquelles le cultivateur doit se soumettre.

545. Comment se fait cette culture ?

Le tabac aime les sols meubles, riches, profonds et assez frais. On le sème en pépinière, en mars, pour repiquer les plants en lignes, dans le courant de juin. Des binages, des sarclages et un buttage léger constituent les soins d'entretien. On récolte les feuilles lorsqu'elles commencent à jaunir, et on leur fait subir diverses préparations suivant l'emploi auquel on les destine. Les usages divers du tabac sont bien connus.

546. Dites-nous un mot de la *cardère.*

La cardère, appelée aussi *chardon à foulon*, est une plante épineuse, dont les fleurs réunies en têtes sont accompagnées d'épines dures et recourbées. On emploie ces têtes, sous le nom de *cardes*, pour carder les étoffes.

547. Parlez-nous de la *moutarde noire*.

La moutarde noire est une plante annuelle, qui croît dans toute la France. On la cultive dans divers pays. Elle demande un sol meuble, substantiel et frais. On la sème vers la fin de mars, à la volée ou en lignes. Ses graines servent à préparer le condiment appelé *moutarde*, qu'on sert sur les tables. On peut aussi en extraire de l'huile. Les tiges et les feuilles constituent un bon fourrage.

548. Qu'est-ce que la *chicorée à café*?

C'est une variété de chicorée, dont les grosses racines, torréfiées et moulues, remplacent souvent le café.

549. Y a-t-il encore d'autres plantes économiques ?

On peut citer comme telles : la pomme de terre, la betterave, le sorgho, etc., lorsqu'on les cultive dans le but d'en obtenir de la fécule ou de l'alcool.

XLIII. — Plantes potagères.

550. Qu'appelle-t-on *plantes potagères* ?

Les plantes potagères, appelées aussi *plantes maraîchères* ou *légumes*, sont celles qui se cultivent ordinairement dans les jardins potagers ou maraîchers, pour fournir à l'homme des aliments ou des assaisonnements.

551. Comment divise-t-on ces plantes?

On les distingue, suivant leur durée, en plantes annuelles, bisannuelles et vivaces. A un autre point de vue, on les divise en plusieurs groupes, suivant qu'elles sont cultivées pour leurs racines, leurs tiges, leurs feuilles, leurs fruits, leurs graines, etc.

552. Qu'appelle-t-on légumes-racines ?

Ce sont les plantes dont les racines servent à l'alimentation ; telles sont : la carotte, la betterave, le panais, le salsifis, la scorsonère, la rave, le navet, l'igname, le radis, le chervis, le céleri-rave, etc.

553. Quelles sont les plantes *tubéreuses* ou *tuberculeuses*?

Ce sont celles dont on mange les tubercules, comme la pomme de terre, le topinambour, la patate, etc.

554. Qu'appelle-t-on plantes *bulbeuses* ou *à ognons*?

On appelle ainsi celles qui produisent des bulbes comestibles ; comme l'ognon, le poireau, l'ail, la rocambole, l'échalotte, la ciboule, etc.

555. Qu'entend-on par *légumes herbacés*?

On désigne sous ce nom ceux dont on consomme la tige ou les feuilles ; exemples : les choux, les laitues, les chicorées, la scarole, le céleri, la mâche, le pissenlit, l'épinard, l'oseille, la bette ou poirée, la raiponce, l'asperge, le cardon, etc.

556. Quels sont les légumes cultivés pour leurs fleurs ?

On mange les fleurs, ou, pour mieux dire, les organes floraux, dans l'artichaut, le chou-fleur, le brocoli, etc.

557. Qu'appelle-t-on *herbages potagers* ou *fournitures*?

On appelle ainsi les plantes qui servent surtout à assaisonner les aliments, comme le persil, le cerfeuil, l'estragon, la pimprenelle, le cresson, le nasitor, la civette ou ciboulette, etc.

558. Quelles sont les plantes potagères cultivées pour leurs fruits ?

C'est d'abord le fraisier, puis le melon, la pastèque, la citrouille, la courge, le potiron, le concombre ; enfin, l'aubergine, la tomate et le piment.

559. Quelles sont celles dont on mange les graines ou les cosses ?

Ce sont les haricots, les doliques, les fèves, les lentilles, les pois, le pois-chiche, les gesses, etc.

560. Quel intérêt les plantes potagères ont-elles pour l'agriculture ?

Il est toujours bon que le cultivateur ait un petit jardin pour alimenter le ménage. D'ailleurs, beaucoup de plantes potagères appartiennent aussi à la grande culture, et presque toutes peuvent donner un beau revenu, quand on les cultive en grand dans les champs, au voisinage des villes ou des centres populeux.

561. Quels sont les instruments employés dans cette culture ?

Ce sont : l'arrosoir, la bêche, la binette, la brouette, le cordeau, la fourche, la houe, la pelle, le plantoir, le râteau, la ratissoire, le sarcloir, etc.

562. Qu'appelle-t-on *cultures forcées* ou *de primeurs* ?

Ce sont celles qui ont pour objet de produire, à l'aide d'une chaleur artificielle, des légumes ou des plantes maraîchères, avant l'époque ordinaire où ils viennent naturellement.

XLIV. — Plantes médicinales.

563. Quelle est l'utilité des plantes médicinales en agriculture ?

L'agriculteur a tout intérêt à connaître celles de ces plantes qui croissent autour de lui ou qu'il peut cultiver dans son jardin, afin d'avoir sous la main de quoi guérir ou au moins soulager ses maladies et celles de ses animaux.

564. Y a-t-il encore un autre avantage ?

Oui, la culture de certaines plantes médicinales peut produire un profit réel, si on en trouve le placement chez les pharmaciens et les herboristes.

565. Toutes les plantes sont-elles bonnes à cultiver ?

Non, il en est qui se trouvent assez abondamment à l'état sauvage pour suffire à tous les besoins ; il en est d'autres dont la culture affaiblit les propriétés ; telles sont, en général, les plantes excitantes.

566. Mais n'y a-t-il pas d'autres plantes qui ne perdent rien, ou même qui gagnent à être cultivées ?

Oui, ce sont celles qui renferment beaucoup d'eau et de mucilage, et qui ont pour effet de calmer, d'adoucir, de rafraîchir ou de relâcher.

567. Comment divise-t-on les plantes médicinales ?

D'après leurs propriétés, on les divise en cinq grandes catégories, qui se subdivisent à leur tour.

568. Qu'appelle-t-on *émollients* ?

Ce sont les plantes qui relâchent ou ramollissent en quelque sorte les tissus, comme la guimauve, la mauve, le lin, la consoude, la violette, le bouillon blanc, le chiendent, la pariétaire, la bourrache, etc.

569. Qu'appelle-t-on *tempérants* ?

Ce sont les plantes qui calment les mouvements, sans irriter les organes ; tels sont : l'épine-vinette, la réglisse, la jusquiame, la belladone, la ciguë, la stramoine, le pavot, la morelle noire, etc.

570. Qu'appelle-t-on *toniques* ?

Ce sont les plantes qui fortifient les organes et en augmentent en quelque sorte le ton ; exemples : la gentiane, la petite centaurée, le trèfle d'eau, l'absinthe, la camomille romaine, la bardane, la chicorée sauvage, le pissenlit, le houblon, la fumeterre, la patience, la saponaire, la douce-amère, etc.

571. Qu'appelle-t-on *astringents* ?

Ce sont les plantes qui augmentent le ton des organes, en resserrant les tissus, et qui diminuent l'écoulement de la salive, de la sueur, de l'urine, etc., comme la bistorte, la tormentille et la rose de Provins.

572. Qu'appelle-t-on *excitants* ?

Ce sont les plantes qui augmentent l'action ou les

mouvements des organes; exemples : la menthe poivrée, la matricaire, la tanaisie, la pivoine, le safran, la sauge, la mélisse, la moutarde, le cresson, la rhubarbe, le ricin, le nerprun, le fragon, le céleri, l'anis, l'angélique , etc.

573. Quelles plantes faut-il cultiver de préférence ?

Pour l'usage personnel, celles que l'on emploie à l'état frais ; pour la vente, celles dont il se fait une grande consommation à l'état sec.

XLV. — Arbres fruitiers.

574. Qu'appelle-t-on *arbres fruitiers* ?

Ce sont les arbres qui produisent des fruits comestibles ou pouvant servir à la nourriture de l'homme, et que l'on cultive dans les jardins ou dans les champs.

575. Comment multiplie-t-on les arbres fruitiers ?

On les multiplie de diverses manières, qui sont le semis, la marcotte, la bouture et la greffe.

576. Quels sont les avantages et les inconvénients du semis ?

Le semis est le mode le plus naturel; il produit des arbres plus vigoureux, et souvent des variétés nouvelles. Mais ces arbres sont plus lents à venir, et on n'est pas toujours sûr d'obtenir des fruits semblables à ceux dont on a semé les graines. Aussi ne sème-t-on guère que dans les pépinières.

577. En quoi consiste le *marcottage* ?

Pour faire une marcotte, on enfonce en terre une tige ou une branche que l'on a d'abord couchée ; à l'endroit qui touche le sol, il se produit des racines ; lorsque celles-ci sont assez fortes, on *sèvre* la marcotte, c'est-à-dire qu'on la sépare du pied-mère, qui l'a nourrie jusqu'alors.

578. En quoi consiste le *bouturage* ?

Pour faire une bouture, on détache d'un arbre un fragment de tige, de rameau, quelquefois même de racine ; on le met en terre, et, dans des conditions favorables, il s'enracine et produit un nouveau pied.

579. Qu'est-ce que la *greffe* ?

La greffe consiste à transporter sur un végétal appelé *sujet*, un bourgeon, un rameau ou même la cime entière d'un autre végétal qu'on veut propager. L'instrument dont on se sert pour cela s'appelle *greffoir*.

580. Peut-on greffer indifféremment un sujet quelconque sur un autre ?

Non, il faut que la greffe et le sujet soient de même espèce, ou de même genre, ou tout au moins de genres très voisins ; encore même cela ne suffit-il pas toujours. Ainsi, le pommier ne se greffe pas sur le poirier, ni le châtaignier sur le chêne.

581. Qu'est-ce que la greffe *en écusson* ?

Cette greffe consiste à prendre un écusson de jeune écorce, portant au milieu un œil ou bourgeon, et à l'appliquer sur le sujet, après avoir d'abord fendu et soulevé l'écorce de celui-ci ; puis on recouvre la greffe avec l'écorce que l'on rabat. Cette greffe est dite *à œil dormant*, si on la fait à l'automne ; *à œil poussant*, si c'est au printemps.

582. Comment pratique-t-on la greffe *en fente* ?

On détache un rameau de l'arbre, comme greffe ; on taille et on amincit en biseau le bout inférieur. Puis on coupe net la tige ou la branche du sujet à greffer, et on y ouvre une fente, où l'on introduit la base de la greffe.

583. Qu'est-ce que la greffe *par approche* ?

On choisit deux arbres très rapprochés ; on enlève, sur les côtés qui se regardent, une portion d'écorce ; puis on rapproche les deux arbres et on les lie fortement, de manière à ce que les parties écorcées se touchent exactement. Quand ils sont bien soudés, on supprime la partie du sujet située au-dessus de la greffe, ainsi que le pied de l'autre arbre, à moins qu'on ne veuille les laisser ainsi réunis.

584. Quel est le principal avantage de la greffe ?

Elle permet de transformer à peu de frais **un arbre** en un autre qui donne de meilleurs produits.

XLVI. — Taille des arbres.

585. Que faut-il observer dans la plantation des arbres ?

Il faut choisir des sujets bien pourvus de racines, et les planter dans un sol riche et bien ameubli.

586. Peut-on ensuite abandonner les arbres à eux-mêmes ?

Non, il faut les-soumettre à une taille convenable.

587. Quel est le but principal de la taille ?

C'est de faire produire à l'arbre des fruits plus gros, plus beaux, de meilleure qualité; c'est aussi d'augmenter et de maintenir la production de ces fruits.

588. Comment obtient-on ces résultats ?

En donnant et en conservant aux arbres une forme régulière et telle que la sève se distribue le plus également possible entre leurs diverses parties.

589. Qu'est-ce que la sève ?

On pourrait dire que la sève est le sang des végétaux; c'est un liquide qui circule dans toutes leurs parties et apporte à chacune d'elles la nourriture nécessaire.

590. Quel doit être le premier soin de celui qui taille les arbres?

C'est de donner aux arbres fruitiers une forme régulière, mais qui varie suivant l'espèce ou les circonstances.

591. Quelles sont les principales dispositions des arbres fruitiers ?

On distingue d'abord les arbres *en espalier*, qui sont comme appliqués contre un mur, dont ils doivent s'écarter le moins possible ; et les arbres *en plein vent*, qui croissent loin des murs et en général de tout abri.

592. Quelles sont les principales formes de ces arbres ?

On distingue, parmi les arbres en espalier : la palmette, le candélabre, l'éventail, la treille, le cordon ; et parmi les arbres en plein vent : la pyramide, la quenouille, la haute tige, le vase ou gobelet, le buisson ou cépée.

593. Parlez-nous en particulier de la forme en cordon.

La forme du cordon présente cet avantage qu'on peut l'appliquer à presque tous les arbres fruitiers, soit en espalier, soit en plein vent. Suivant la direction de la tige, on distingue le cordon horizontal, oblique, vertical ou spiral.

594. Quels sont les instruments employés pour la taille ?

On emploie surtout la serpette, le sécateur et la scie à main ou égohine.

595. En quoi consiste le *pincement* ?

A couper avec les ongles l'extrémité d'une jeune pousse, tandis qu'elle est encore tendre ou herbacée.

596. En quoi consiste l'*ébourgeonnement* ?

A supprimer tous les bourgeons ou pousses inutiles, qui absorberaient en pure perte une partie de la sève.

597. En quoi consiste l'*arcure* ?

A courber en forme d'arc des rameaux ou même des branches, de manière à ralentir l'action de la sève.

598. Quel est l'avantage de ces trois opérations ?

Quand elles sont bien conduites, elles simplifient beaucoup les opérations de la taille.

599. Quel est le but définitif de la taille ?

C'est de contrarier le plus possible les productions inutiles, et de favoriser, au contraire, les productions *fruitières*, celles qui doivent donner des fleurs et des fruits.

XLVII. — Vigne.

600. Parlez-nous de la culture de la *vigne*.

La vigne est un arbrisseau grimpant, originaire de l'Asie, et cultivé dans presque toutes les régions tempérées du globe, soit dans les jardins, soit surtout dans les vignobles.

601. Qu'appelle-t-on *cépages* ou *complants* ?

On appelle ainsi les nombreuses variétés de vigne, parmi lesquelles nous citerons : l'alicante, l'aramon, les blanquettes ou clairettes, les chasselas, le duras, les gamays, les pineaux, le pique-poule, le picardan, les muscats, les terrets, le grenache, le mourastel, les malvoisies, le teinturier, etc.

602. Quel est le sol qui convient à la vigne ?

La vigne s'accommode à peu près de tous les sols, pourvu qu'ils ne soient pas humides à l'excès, et s'ils sont d'ailleurs suffisamment ameublis et fumés.

603. Comment multiplie-t-on la vigne ?

C'est le plus souvent par boutures ou *crossettes*, fréquemment aussi par marcottes ou *provins*, rarement par semis ou par greffe.

604. Quels noms portent dans la pratique les différentes parties d'un pied de vigne ?

On appelle *cep*, la tige ou souche ; *bourgeon*, la pousse de l'année ; *sarment*, le rameau allongé ; *pampre*, le rameau muni de ses feuilles ; *courson*, la portion de sarment laissée par la taille ; *œil*, le bourgeon non développé ; et *gourmand*, un long sarment qui part de la base et produit peu ou point de fruits.

605. Comment distingue-t-on les vignes, d'après leur hauteur ?

On distingue les vignes *basses*, dont la tige ne dépasse pas 50 centimètres ; les vignes *moyennes*, hautes de 0^m, 50 à un mètre ; les *hautains* ou *hutins*, hautes de plusieurs mètres, et grimpant sur des arbres ou des perches ; les *treilles*, dont la longueur est indéterminée, et qui servent à couvrir les murs, les berceaux et les tonnelles.

606. Quels sont les soins d'entretien à donner à la vigne ?

La vigne exige des labours, des binages et des sarclages ; on pratique aussi des soufrages pour détruire le parasite appelé *oïdium*.

607. En quoi consiste la taille de la vigne ?

A tailler les sarments plus ou moins court, suivant le cépage et le climat, pour favoriser la production du raisin. Elle est complétée par l'ébourgeonnement, le pincement, et par l'effeuillage, opéré aux approches de la maturité.

608. Quelle est l'utilité de la vigne ?

La souche et les sarments donnent du bois de chauffage ; les feuilles sont recherchées par les bestiaux. Le fruit, dans la plupart des cépages, est un très bon aliment. Mais le principal produit est le vin, dont on retire l'alcool.

609. Comment prépare-t-on le vin ?

On vendange ou on cueille les raisins quand ils sont suffisamment mûrs ; on les foule et on les soumet au pressoir, pour en retirer tout le jus ou *moût*. Ce jus, quand il a fermenté, est devenu du vin.

610. Comment divise-t-on les vins ?

On les distingue, suivant leur couleur, en vins blancs

6

et **vins** rouges; suivant leur force et leur saveur, en **vins** doux ou spiritueux, âpres et acidulés ou aigrelets.

XLVIII. — Pommier et Poirier.

611. Parlez-nous du *pommier* et de sa culture.

Le pommier est un arbre de moyenne grandeur, qui croît dans les forêts de l'Europe, mais qui a été bien amélioré par la culture et a produit de nombreuses variétés.

12. Comment divise-t-on ces variétés ?

En deux grands groupes : les pommes *douces*, bonnes à manger, et cultivées dans les jardins ou dans les champs, et les pommes *acerbes* ou *à cidre*, qui sont cultivées en grand dans les pays où la vigne ne peut **croître.**

613. Quels sont les sols qui conviennent au pommier ?

Il préfère les sols meubles, profonds et frais. tels que les terres franches et les alluvions calcaires ou siliceuses.

614. Comment propage-t-on en général le pommier ?

On le propage en semant ses graines en pépinière ; mais les sujets qui en proviennent sont greffés, en général, avant d'être plantés à demeure.

615. Quels soins d'entretien exige le pommier ?

Il faut labourer le sol, biner et sarcler suivant le besoin, tailler modérément, et enlever le gui, les mousses et tous les végétaux parasites qui nuisent à l'arbre.

616. Comment fait-on la récolte ?

On attend que les fruits soient mûrs, ce qu'on reconnaît à ce qu'ils tombent soit naturellement, soit à la moindre secousse. On ramasse ces fruits, et plus tard on fait tomber les autres avec des gaules.

617. Quel est le principal produit du pommier ?

C'est le *cidre*, boisson fermentée que l'on fait avec ses fruits, à l'aide du pressoir, et qui remplace le vin dans le nord et l'ouest de la France.

618. Quels sont les autres usages du pommier ?

Le fruit dit *pommes douces* est bon à manger. Le marc de cidre est employé pour nourrir les bestiaux, ou pour le chauffage, ou pour fumer les terres. Le bois est dur, d'un grain fin, recherché par les ébénistes et les tourneurs.

619. Parlez-nous maintenant du *poirier*.

Le poirier est un grand arbre, qui se trouve aussi à l'état sauvage dans nos forêts. Il a produit, par la culture, de nombreuses variétés, qu'on divise en deux groupes : les poires *douces* ou *à couteau*, qu'on mange au naturel, et les poires *âpres* ou *à cuire*, qui ne sont bonnes que cuites, mais dont plusieurs servent à fabriquer le poiré.

620. Quelle est la culture du poirier ?

Il se cultive comme le pommier, préfère les mêmes terrains et exige les mêmes soins.

621. Quels sont les produits du poirier ?

Le bois rappelle assez celui du pommier, mais il est plus recherché. Les poires douces sont d'excellents fruits de table. Les autres servent à fabriquer le *poiré*, boisson analogue au cidre, mais moins estimée.

622. Qu'est-ce que le *cormier* ?

Le cormier est une espèce de sorbier, qui croît dans le midi de la France, mais qu'on peut cultiver dans le nord ; ses fruits, appelés *cormes*, sont assez bons à manger quand ils sont blettis. On en obtient aussi une boisson fermentée, analogue au cidre et au poiré.

———

XLIX. — Olivier, Noyer.

623. Parlez-nous de l'olivier.

L'olivier est un arbre originaire de l'Orient, et que l'on cultive en grand dans les départements qui bornent la Méditerranée. Il présente de nombreuses variétés.

624. Quel est le sol qui convient à l'olivier ?

Cet arbre a la propriété de croître dans tous les sols, même dans ceux qui sont arides ou rocailleux; toutefois, il donne de meilleurs produits dans les sols riches et profonds.

625. Comment multiplie-t-on cet arbre ?

L'olivier se multiplie facilement, et de bien des manières : par semis, par éclats de souche, par boutures de rameaux ou de racines, par rejets enracinés, et enfin par la transplantation des oliviers sauvages.

626. Comment cultive-t-on l'olivier ?

On peut le planter presque en toute saison; mais il exige beaucoup de soins de culture, si l'on veut qu'il donne des produits abondants. Il lui faut des labours, des binages, des buttages et de temps en temps une fumure. La taille consiste surtout à raccourcir les rameaux trop vigoureux, à supprimer les gourmands, les branches mortes, et à éclaircir les parties trop touffues.

627. Comment se fait la récolte des olives ?

On la commence ordinairement vers la fin de novembre; on ramasse les fruits tombés naturellement, on cueille les autres à la main, ou bien on gaule les arbres, si on ne peut faire autrement.

628. Quels sont les usages de l'olivier ?

Le fruit est très bon à manger, quand il a subi une certaine préparation. Mais on l'emploie surtout pour la fabrication de l'huile d'olive, la plus estimée pour la cuisine, et qui sert aussi en médecine et dans l'industrie. Le bois est très beau et recherché pour l'ébénisterie et le placage.

629. Parlez-nous maintenant du *noyer*.

Le noyer est un grand arbre, originaire de l'Orient, et cultivé aujourd'hui dans une grande partie de la France. Il présente d'assez nombreuses variétés.

630. Qu'appelle-t-on *noyer de la Saint-Jean* ?

C'est une variété tardive, qu'on doit cultiver de préférence dans les climats froids.

631. Quelle est la culture du noyer ?

Le noyer aime les sols meubles, frais et profonds. On le propage ordinairement par le semis, fait en pépinière, au printemps ou à l'automne, suivant le climat. Les jeunes sujets sont greffés en tête ; il est bon de les repiquer plusieurs fois, avant de les planter à demeure. Ils ne demandent plus ensuite que les soins ordinaires.

632. Quelle est l'utilité du noyer ?

Le bois de cet arbre est très beau et recherché par les ébénistes. Les racines, l'écorce, les feuilles, le brou de noix, sont employés pour teindre en noir. La coque sert à faire du noir de fumée. Le fruit est un très bon aliment, qui fournit une grande quantité d'huile.

633. Quelles sont les propriétés de l'huile de noix ?

Cette huile est douce, et peut servir pour la cuisine, quand elle est fraîche ; mais en général, on la réserve pour les besoins de l'industrie et des arts, notamment pour la peinture, car elle est très siccative.

6.

L. — Autres arbres fruitiers.

634. Parlez-nous de l'*amandier*.

L'amandier est un arbre de moyenne grandeur, cultivé dans le midi de l'Europe. On distingue ses variétés en amandes *douces* et amandes *amères*. Les premières sont des fruits très agréables ; les secondes sont employées en médecine et dans la confiserie. Toutes donnent une huile douce, mais qui rancit vite.

635. Parlez-nous maintenant du *pêcher*.

Le pêcher, dans le nord de la France, est généralement cultivé en espalier, dans les jardins. Dans le midi, on le plante fréquemment dans les champs et les vignes. Son fruit est un des plus délicats que nous possédions.

636. Dites-nous un mot de l'*abricotier*.

L'abricotier, cultivé surtout dans le centre et le midi de la France, a des fruits comestibles, dont on fait aussi une pâte et une marmelade qui sont l'objet d'un commerce assez lucratif pour certains pays.

637. Parlez-nous du *prunier*.

Le prunier, assez généralement cultivé en France, présente de nombreuses variétés. Son fruit est excellent, et on le fait sécher pour le vendre sous le nom de *pruneaux*.

638. Parlez-nous aussi du *cerisier*.

Le cerisier a produit de nombreuses variétés de fruits, qui se divisent en deux groupes : les cerises *douces*, provenant du merisier, qui croit dans nos bois, et les cerises *acides* ou *aigres*, qui proviennent du cerisier importé d'Orient.

639. Quels sont les usages des cerises ?

Toutes sont des fruits plus ou moins agréables, rafraîchissants ou adoucissants. On en fait aussi des confitures et des liqueurs très estimées, notamment le ratafia, le marasquin, et surtout le kirsch ou kirschenwasser.

640. Dites-nous un mot du *coignassier* et de l'*azerolier*.

Ces deux arbres sont cultivés surtout dans le midi. Leurs fruits servent à faire des confitures et des liqueurs. Les coings ne se mangent que cuits, en compote. Les azeroles ont un petit goût aigrelet et parfumé assez agréable.

641. Parlez-nous maintenant du *figuier*.

Le figuier est beaucoup plus cultivé dans le midi que dans le nord. On le plante en massifs, appelés *figueraies*, ou isolé au milieu des vignes. Ses fruits frais sont excellents. On les fait aussi sécher, et à cet état ils constituent une branche de commerce assez importante.

642. Sont-ce là tous les arbres fruitiers de la France ?

On peut en citer encore un certain nombre, qui sont plus communs comme arbres forestiers ou d'ornement; tels sont : le hêtre, le châtaignier, le noisetier, le cornouiller, le néflier, le mûrier, etc.

643. Quels sont les arbres fruitiers particuliers au midi ?

Ce sont : l'oranger, le citronnier, le grenadier, le jujubier, le caroubier, l'arbousier, le pistachier, le bibacier, le chêne à glands doux, le pin pignon, etc.

644. N'y a-t-il pas aussi des arbrisseaux fruitiers ?

Oui, on peut citer entre autres : l'épine-vinette, l'airelle ou myrtille, le groseillier, le framboisier, la ronce, et même certaines espèces de rosiers.

LI. — Arbres industriels.

645. Qu'appelle-t-on arbres *industriels* ou *économiques* ?

On désigne sous ce nom les espèces qui ne se rattachent ni aux arbres fruitiers, ni aux arbres forestiers, et dont les produits sont surtout utilisés par l'industrie.

646. Parlez-nous d'abord du *mûrier*.

Le mûrier est un arbre de moyenne grandeur, originaire de l'Asie ; on en distingue deux espèces, d'après la couleur des fruits, le mûrier *blanc* et le mûrier *noir*. Le premier est plus répandu et présente plusieurs variétés.

647. Comment cultive-t-on le mûrier ?

Cet arbre aime les terrains frais, profonds et bien fumés. On le multiplie par le semis en pépinière, ou par boutures. On bine et on sarcle comme à l'ordinaire. La feuille du mûrier, qui est son principal produit, se récolte lorsque l'arbre est en pleine végétation, c'est-à-dire vers la fin du printemps. On peut tailler aussitôt après, dans le midi ; mais, dans les pays froids, il vaut mieux attendre à la fin de l'hiver.

648. A quoi sert la feuille du mûrier ?

On l'emploie, surtout celle du mûrier blanc, pour nourrir les vers à soie.

649. Quels sont les autres usages du mûrier ?

Le bois est jaune brunâtre, assez dur, et sert pour l'ébénisterie. L'écorce fournit une filasse analogue au chanvre. Les feuilles peuvent servir à nourrir les bestiaux. Le fruit, surtout celui du mûrier noir, est alimentaire ; on peut le donner à la volaille, ou en extraire de l'eau-de-vie.

650. Qu'appelle-t-on mûrier *à papier* ou *du Japon* ?

C'est un arbre qu'on cultive surtout dans le midi, et

dont l'écorce fournit une filasse qui peut servir à faire des étoffes et du papier.

651. Qu'est-ce que le *chêne-liège* ?

C'est un chêne toujours vert, ou à feuilles persistantes, qui croît dans le midi de l'Europe. Son écorce, ou plutôt la partie extérieure de celle-ci, est le liège du commerce. On l'enlève en général tous les dix ans.

652. Qu'appelle-t-on *sumacs* ?

Les sumacs, auxquels on peut joindre le *redoul*, sont des arbrisseaux, dont les rameaux et les feuilles servent à préparer les cuirs fins, notamment les peaux de chèvre avec lesquelles on fait les maroquins. On les emploie aussi en teinture.

653. Qu'appelle-t-on *osiers* ?

On appelle ainsi certaines espèces de saules, dont les rameaux sont coupés très jeunes, pour servir à faire des liens, des paniers et autres ouvrages de vannerie. On nomme *oseraies* les terres. fraîches ou humides, où on les cultive.

654. Dites-nous un mot du *câprier*.

Le câprier est un arbrisseau épineux, cultivé dans le midi de l'Europe. Ses boutons, confits dans le vinaigre, sous le nom de câpres, servent d'assaisonnement.

655. Y a-t-il encore d'autres arbrisseaux industriels ?

Oui, on peut citer encore quelques espèces de *genêt* et de *nerprun*, qui servent pour la teinture ; le *jasmin*, la *cassie* et certains *rosiers*, dont les fleurs sont employées dans la parfumerie.

LII. Arbres forestiers.

656. Qu'appelle-t-on arbres *forestiers* ?

On appelle ainsi les arbres qui croissent, naturellement ou presque sans culture, dans nos forêts, et dont on emploie le bois pour l'industrie ou le chauffage.

657. Comment divise-t-on les arbres forestiers?

En deux grandes catégories, savoir : les arbres résineux et les arbres feuillus.

658. Quels sont les caractères des arbres *résineux* ?

Ces arbres, appelés aussi *conifères* ou arbres *verts*, ont des sucs résineux, et des feuilles étroites, presque toujours persistantes. Ils ne repoussent pas de souche, ne se reproduisent guère que par graines et ne sont exploités qu'en futaie.

659. Quels sont les arbres résineux cultivés en France ?

Ce sont : les pins, le sapin, l'épicéa, le mélèze, le cèdre, le cyprès, l'if, le thuia, le genévrier, etc.

660. Quels sont les caractères des arbres *feuillus* ?

Ces arbres ont des sucs aqueux ou gommeux, des feuilles larges et presque toujours caduques. Ils repoussent de souche, se propagent de graine, de bouture ou de marcotte, et sont exploités en futaie ou en taillis.

661. Comment subdivise-t-on ces arbres?

On distingue les arbres *à bois dur* et les arbres *à bois tendre* ou *mou* ; ces derniers sont fréquemment appelés *bois blancs*.

662. Quels sont les arbres feuillus à bois dur?

Ce sont : le chêne, le hêtre, le châtaignier, le charme, le frêne, l'érable, l'orme, le robinier ou acacia, l'ailante ou vernis du Japon, le platane, le noyer, le févier, l'alisier, le sorbier, le merisier, le micocoulier, etc.

663. Quels sont les arbres feuillus à bois tendre ?

Ce sont : le bouleau, l'aune, le peuplier, le saule, le tilleul, le marronnier d'Inde, le noisetier, etc.

664. Qu'appelle-t-on *futaie* ?

Une futaie se compose d'arbres destinés à atteindre un âge avancé et de grandes dimensions, qui se reproduisent presque toujours par graines.

665. Qu'appelle-t-on *taillis* ?

Un taillis renferme des arbres qui doivent être abattus jeunes, par conséquent n'avoir que de faibles dimensions, et se reproduire par les rejets des souches.

666. Qu'est-ce qu'un *taillis sous futaie* ?

C'est un taillis sur lequel on laisse des baliveaux.

667. Qu'appelle-t-on *baliveaux* ou *réserves* ?

Ce sont les arbres qu'on laisse debout, quand on exploite un taillis, et qui parviennent à un âge plus avancé.

668. Qu'est-ce que l'*assiette des coupes* ?

Cette opération consiste à diviser la forêt en un certain nombre de divisions, appelées *coupes*, dont une est en général exploitée chaque année.

669. En quoi consiste surtout la culture forestière ?

A favoriser le repeuplement naturel des taillis par les rejets, et des futaies par les semences.

670. Quels sont les produits des forêts ?

Outre le bois, qui est le produit principal, les arbres forestiers fournissent encore des écorces, des feuilles, des fruits sauvages, des résines et des matières diverses.

TROISIÈME PARTIE

ANIMAUX

LIII. Animaux domestiques.

671. Qu'entend-on par animaux domestiques?

On appelle ainsi les animaux qui vivent toujours sous la dépendance de l'homme, et lui rendent des services nombreux et variés en échange des soins qu'ils reçoivent de lui.

672. D'où vient ce mot *domestique?*

Du latin *domus*, qui signifie *maison*. Les animaux domestiques, en effet, s'élèvent, se nourrissent et se multiplient à la maison ou dans son voisinage.

673. Comment divise-t-on les animaux domestiques ?

On distingue d'abord le bétail, subdivisé lui-même en gros et petit bétail; puis les animaux de basse-cour; enfin les poissons et les insectes.

674. Quels sont les animaux compris sous le nom de *bétail?*

Le gros bétail comprend le cheval ou *espèce chevaline*, à laquelle se rattachent l'âne et le mulet, et les bêtes à cornes ou *espèce bovine* (taureau, bœuf, vache, etc.). Le petit bétail comprend les bêtes à laine ou *espèce ovine* (mouton, brebis, etc.), ainsi que la chèvre et le cochon.

675. Qu'appelle-t-on animaux *de travail* ou *de trait?*

Ce sont ceux qu'on emploie surtout à exécuter les

travaux de labourage ou les transports; tels sont : le cheval, l'âne, le bœuf.

676. Qu'appelle-t-on animaux *de rente* ou *de produit?*

Ce sont ceux dont on n'exige aucun travail, mais qu'on élève en vue de les vendre ou d'en retirer des produits propres à la vente; tels sont : le mouton, le cochon, les lapins.

677. Qu'entend-on par animaux *reproducteurs?*

On appelle ainsi des animaux choisis avec soin dans chaque espèce et possédant au plus haut degré les qualités nécessaires au rôle qu'ils sont appelés à remplir. On les destine surtout à propager la race.

678. Que faut-il considérer dans le choix des animaux domestiques, et particulièrement des reproducteurs?

Il faut surtout considérer trois choses : la constitution, le tempérament et les aptitudes.

679. Qu'est-ce que la *constitution* d'un animal ?

C'est l'état général qui résulte de la vigueur, de la disposition et de l'harmonie de ses divers organes, ainsi que de l'activité et de l'équilibre de ses fonctions.

680. Qu'est-ce que le *tempérament* ?

Le tempérament résulte de la prédominance d'un ou de quelques-uns des organes, et, par suite, des fonctions qu'ils exécutent. Ainsi, on dit que le tempérament d'un animal est sanguin, musculaire, nerveux ou lymphatique, suivant qu'on voit prédominer chez lui le sang, les muscles, le système nerveux, la lymphe ou les humeurs.

681. Qu'appelle-t-on *aptitudes* ?

On désigne sous ce nom les dispositions naturelles qui rendent un animal ou une race *apte* ou propre à telle ou telle destination spéciale; telles sont les aptitudes au travail, à l'engraissement, à la production du lait, etc.

7

682. En quoi consiste l'éducation des animaux ?

Elle consiste à les élever, à les entretenir et à les utiliser ou à en tirer le meilleur parti.

LIV. Soins généraux.

683. Quels sont les soins à donner aux animaux ?

Ils se divisent en soins *généraux*, qui s'appliquent à toutes les espèces domestiques, et en soins *spéciaux*, qui concernent telle ou telle espèce en particulier.

684. Parlez-nous d'abord des soins généraux.

Ces soins sont assez variés ; mais on peut les rattacher à trois catégories principales, suivant qu'ils se rapportent à l'habitation, à la nourriture ou au traitement.

685. Qu'y a-t-il à observer pour les logements des animaux ?

Ces logements doivent être assez grands pour que les animaux puissent s'y mouvoir à l'aise et avoir la quantité d'air nécessaire. Les murs doivent être d'épaisseur moyenne, le plafond élevé et bien joint. Les abords doivent être faciles. Enfin, il faut que les bâtiments soient rapprochés de manière à faciliter la surveillance.

686. Que remarquez-vous par rapport à l'exposition ?

La meilleure est au sud ou à l'est, ou entre les deux, à moins toutefois qu'il y ait à craindre l'influence de marais, ou de vents chauds et humides, ou du mauvais air ; auxquels cas il faudrait changer l'exposition en conséquence.

687. Que faut-il observer par rapport à l'eau ?

Les bâtiments doivent être dans le voisinage des eaux courantes, mais éloignés des eaux stagnantes. Le sol doit en être drainé, de telle sorte que l'eau, l'urine, le purin, etc., ne puissent y séjourner.

688. Est-ce là tout ce qu'exige l'habitation ?

Non, il faut encore, et ce soin doit se retrouver en tout, que les animaux soient tenus avec la plus grande propreté.

Fig. 10. Hache-paille.

689. Quels sont les soins qui concernent la nourriture ?

Il faut donner à chaque animal une nourriture suffisante, substantielle et de bonne qualité.

690. Comment divise-t-on les animaux sous ce rapport ?

On les distingue en *herbivores*, qui se nourrissent d'herbe, ou mieux de matières végétales ; *carnivores*, qui se nourrissent de chair ou de matières animales ; *omnivores*, qui s'accommodent à peu près de tout.

691. N'y a-t-il pas deux manières de nourrir les animaux ?

Oui, on distingue la *stabulation* et le *pâturage* ;

dans le premier cas, on les nourrit à l'étable; dans le second, à l'extérieur ou dans les champs.

692. Tous les animaux sont-ils nourris de la même manière?

Non, la nourriture varie suivant les espèces, et aussi suivant l'objet auquel on les destine (engraissement, reproduction ou travail).

693. Les aliments ne doivent-ils pas recevoir quelquefois une certaine préparation?

Oui, il est bon de diviser la paille et le foin à l'aide d'un *hache-paille* (fig. 10) : les racines et les tubercules, avec un *coupe-racine* ; de faire cuire, dans un appareil particulier, les aliments trop secs ou de qualité médiocre ; enfin, d'y ajouter une certaine quantité de sel.

694. Comment doit-on traiter les animaux?

Il faut les mener avec bonté et douceur; éviter avec soin de les effrayer, de les irriter, et de leur imposer un travail au-dessus de leurs forces.

LV. Chien.

695. Parlez-nous du chien et de son rôle en agriculture.

Le chien est un animal carnassier, domestiqué dès la plus haute antiquité, et qui a produit un grand nombre de races, dont plusieurs rendent des services à l'agriculteur.

696. Quels sont les chiens les plus utiles sous ce rapport?

Ce sont les chiens de garde et les chiens de berger.

697. Parlez-nous d'abord des chiens de garde.

En général, les chiens ont l'oreille fine ; au moindre bruit inaccoutumé, ils aboient et donnent ainsi l'éveil. Presque tous, s'ils ont été convenablement dressés, peuvent servir à la garde des habitations. Néanmoins, il est certaines races, qui, à cause de leur force et de leurs aptitudes spéciales, sont généralement préférées.

698. Quelle est à cet égard la race la plus remarquable?

C'est le *dogue*. Ce chien est grand, robuste, trapu, d'une force qui le rend souvent terrible. Sa mâchoire inférieure dépasse l'autre ; aussi, quand il mord, il emporte le morceau plutôt que de lâcher prise.

699. Qu'est-ce que le *bouledogue* ?

C'est une variété de dogue. Cet animal est fort, courageux, mais indocile, peu intelligent, rancunier, féroce et souvent dangereux, non seulement pour les étrangers, mais encore pour les gens de la maison et surtout pour les enfants.

700. Qu'est-ce que le *mâtin* ?

Le mâtin ou molosse est aussi grand que le dogue, mais de formes plus élancées. Quand il a été bien élevé, il est doux, s'attache à ses maîtres et fait très bonne garde.

701. Dites-nous un mot du *roquet*.

Le roquet est un chien de petite taille, peu redoutable ; mais, comme il se cache sous les meubles et aboie beaucoup, il est excellent pour garder l'intérieur des habitations.

702. Comment faut-il traiter les chiens de garde?

Il ne faut ni les gâter ni les rudoyer outre mesure. On doit les tenir à l'attache pendant une partie de la journée, éviter de les laisser rôder, de les irriter ou de les agacer ; il ne faut pas non plus qu'ils se familiarisent trop avec les étrangers, ni qu'ils aboient à tout propos.

703. N'y a-t-il pas encore une précaution à prendre?

Oui, il faut protéger leur cou par un collier garni de clous, afin qu'ils puissent mieux résister aux attaques.

704. Parlez-nous maintenant du chien de berger.

Cet animal est généralement de grande taille et de

formes élancées ; on l'emploie pour garder les troupeaux. Ceux de la Brie sont les plus estimés.

705. Quelles qualités doit présenter un bon chien de berger ?

Il doit être assez fort pour repousser les loups ou les autres ennemis ; mais en même temps il doit être obéissant au maître, doux pour les bestiaux, pousser ou *bourrer* les retardataires, mais sans les mordre.

706. Dites-nous quelques mots des chiens de chasse.

On les divise en chiens d'arrêt et chiens courants.

707. Qu'appelle-t-on *chiens d'arrêt*?

Ce sont ceux qui suivent silencieusement la piste du gibier, pour amener le chasseur près de lui; tels sont : les braques, les épagneuls, les griffons, les barbets ou caniches, etc.

708. Qu'appelle-t-on *chiens courants*?

Ce sont les chiens qui chassent en quelque sorte pour eux et suivent le gibier en aboyant; tels sont surtout les lévriers ; mais presque tous les chiens peuvent être dressés à cette chasse.

709. Dites-nous un mot des *ratiers*.

Les ratiers sont des chiens de petite taille, qu'on dresse et qu'on emploie à chasser et à détruire les rats.

LVI. Cheval.

710. Quelle est l'utilité du cheval en agriculture ?

Le cheval est généralement employé comme animal auxiliaire, pour les travaux ou les transports. Il présente un certain nombre de types et de races.

711. Qu'entendez-vous par *type*?

Le type est l'ensemble d'un certain nombre de caractères qui rendent un cheval ou une catégorie de chevaux plus ou moins apte à un service spécial et déterminé.

712. Combien distingue-t-on de types de chevaux?

On en distingue trois principaux : 1° le cheval *de selle*, propre à être monté; 2° le cheval *de trait léger*, réservé pour les voitures de luxe; 3° le cheval *de gros trait*, comprenant les chevaux de diligence, de roulage et les chevaux de labour. Ce sont ces derniers surtout qui intéressent l'agriculture.

713. Qu'entendez-vous par *race* ?

La race est un groupe d'individus différencié des autres par des caractères communs et tranchés se transmettant par l'hérédité. Tels sont les chevaux dits Arabes, Andalous, Limousins, Percherons, Boulonnais, Ardennais, etc.

714. Comment se fait l'élevage du cheval?

Il se fait tantôt dans les *haras*, et alors on ne s'occupe que de cette espèce; tantôt dans les fermes, et alors on associe à l'élevage du cheval celui du bœuf.

715. Qu'est-ce que le *dressage* ?

Le dressage a pour but de former le poulain ou jeune cheval au travail auquel il est destiné.

716. En quoi consiste la nourriture du cheval?

Le cheval est entretenu, tantôt à l'herbage ou au vert, tantôt à l'écurie. Sa nourriture consiste surtout en fourrages secs, avoine, orge, paille, racines ; la carotte est celle qui lui convient le mieux. La ration se distribue en trois fois, le matin, le midi et le soir.

717. Qu'appelle-t-on *pansage* ?

Le pansage consiste dans les soins de propreté que l'on donne extérieurement au cheval, pour nettoyer les diverses parties de son corps, exciter les fonctions de la peau et par là le maintenir en meilleure santé.

718. Le cheval n'est-il utilisé que pour le travail ?

On élève souvent les chevaux pour les vendre ; ils deviennent alors des animaux de rente. La chair du cheval est alimentaire et a souvent rendu de grands services.

719. Parlez-nous maintenant de l'*âne*.

L'âne a le tempérament plus sec et plus sanguin que le cheval ; il est plus sobre, plus rustique, plus apte à la reproduction, et possède plus d'intelligence qu'on ne pourrait le croire, pourvu toutefois qu'il n'ait pas été abruti par les mauvais traitements.

720. Comment utilise-t-on cet animal ?

L'âne est utilisé comme animal de travail ou de transport, notamment dans le midi. Quant à l'ânesse, on en tire un très bon parti comme laitière.

721. Dites-nous quelque chose du *mulet*.

Le mulet est le produit du croisement de l'âne et de la jument. Il est employé comme animal de trait, et même de selle ou de bât, surtout dans les montagnes.

LVII. Bœuf.

722. Qu'appelle-t-on bêtes *bovines* ou *à cornes* ?

On désigne sous ce nom l'espèce du bœuf, sous ses divers états d'âge ou de sexe : bœuf proprement dit, taureau, vache, génisse, veau, etc.

723. Quelle est l'utilité de ces animaux en agriculture ?

Ils constituent la base la plus solide de la prospérité agricole ; les profits qu'ils donnent sont moins élevés, mais plus sûrs et plus réguliers que ceux des chevaux et des bêtes à laine. Ils tiennent d'ailleurs le premier rang pour le travail et la production de l'engrais.

724. Quelles sont les principales races bovines ?

Ce sont, parmi les races françaises : les Salers, les Limousins, les Garonnais, les Nivernais, les Bretons, les Flamands, les Normands, les Poitevins, les Charolais, etc.; et, parmi les étrangères : les suisses ou Schwitz, les Hollandais, les Ecossais, les Durham ou bœufs à courtes cornes, et les bœufs sans cornes.

725. Quel est le régime qui convient aux bêtes à cornes ?

La stabulation est en général préférable sous bien des rapports; mais on est forcé quelquefois d'avoir recours au pâturage, notamment dans les pays de pacages.

726. En quoi consiste la nourriture de ces animaux ?

Elle se compose de fourrages verts et secs, de grains et surtout de racines.

727. Quelle est l'utilité du bœuf en particulier ?

Le bœuf est destiné au travail ou à l'engraissement.

728. Quels sont les principaux caractères auxquels on peut reconnaître un bon bœuf ?

Un bon bœuf a la tête de moyenne grosseur, les cornes bien contournées, le dos en ligne droite, le poitrail, les reins et les hanches larges, les côtes arrondies, la queue bien attachée et un peu relevée, les cuisses arrondies, les jambes nerveuses, mais pas trop grosses, et les pieds solides.

729. Comment dresse-t-on les bœufs au travail ?

On commence ce dressage vers l'âge de deux ans. On impose aux animaux un travail peu considérable d'abord, mais qui augmente progressivement. C'est surtout par la douceur et la patience qu'on arrive à les dompter.

730. Comment attelle-t-on les bœufs ?

Le plus souvent on les attelle au joug ; mais le collier offre plus d'avantage, en ce qu'il est moins gênant et moins fatigant pour les animaux (fig. 11).

7.

731. Comment se fait l'engraissement des bœufs ?

On peut le commencer quand ces animaux ont **atteint** l'âge de cinq ans, après les avoir soumis pendant deux **ans** à un travail modéré. L'hiver est la saison la plus favorable. On doit observer de ne pas trop hâter l'engraissement, et de donner une nourriture substantielle, mais **variée,** de manière à entretenir l'appétit et à éviter la satiété.

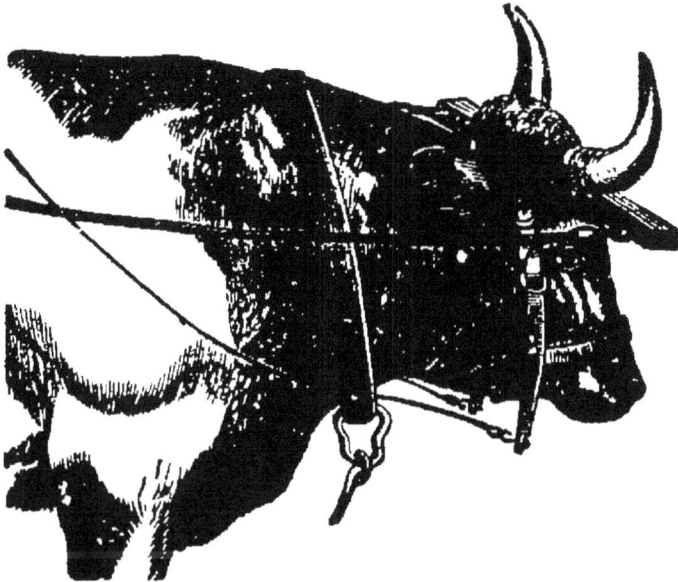

Fig. 11. Attelage du bœuf.

732. Quels sont les aliments à employer dans ce cas ?

D'abord les fourrages, en gardant les meilleurs **pour** **la** fin, les racines et les pommes de terre, crues **ou** mieux cuites, enfin les tourteaux, surtout ceux de lin **et** de noix. Le sel est encore ici d'une grande utilité.

733. Quels sont les autres soins à donner ?

Il faut que les bœufs à l'engrais soient laissés **bien** tranquilles et tenus bien propres ; qu'ils reçoivent **leur** nourriture régulièrement ; enfin, que leur litière **soit** **sèche,** abondante et fréquemment renouvelée.

LVIII. Vache et veau.

734. Quel est l'emploi de la vache en agriculture ?

On la destine quelquefois au travail, mais c'est surtout à la production du lait et des veaux ; plus tard, on l'utilise pour l'engraissement.

735. Quelles sont les races qui fournissent les meilleures vaches laitières ?

Ce sont les flamandes, les normandes et les bretonnes.

736. Quels sont les caractères principaux auxquels on reconnaît une bonne vache laitière ?

Une peau souple, moelleuse, lisse, bien détachée ; la charpente osseuse légère ; le poil fin ; le fanon (peau qui pend sous la gorge) peu développé ; le pis volumineux et bien conformé ; les veines voisines grosses, ondulées, bien avancées sous le ventre ; un large écusson derrière le pis.

737. Quelle est l'influence des aliments sur le lait ?

La nourriture influe non seulement sur la quantité, mais encore sur la qualité et le bon goût du lait, ainsi que du beurre qu'on en extrait.

738. Quels sont les aliments qui conviennent le mieux aux vaches laitières ?

En été, ce sont les bons pâturages ; en hiver, le bon foin ou le regain de trèfle ou de luzerne, les pommes de terre cuites, les carottes, les tourteaux, le grain égrugé, le tout assaisonné de sel, de feuilles de céleri ou de racines de persil.

739. Le lait est-il toujours employé en nature ?

Non, il sert aussi à la fabrication du beurre et des fromages, qui constituent des industries importantes.

740. Quels sont les premiers soins qu'exige le veau ?

Dans les premiers jours, on le laisse téter aussi longtemps qu'il le désire. On le sèvre au bout d'un temps plus ou moins long, suivant l'usage auquel on le destine. On peut même ne pas le laisser téter du tout, en l'habituant, aussitôt après sa naissance, à boire dans un baquet.

741. Que faut-il donner, outre les aliments ordinaires, à la vache qui nourrit ?

On lui donne surtout de l'*eau blanche*, c'est-à-dire de l'eau où l'on a délayé quelques poignées de farine.

742. Y a-t-il avantage à engraisser les veaux ?

Oui, cet engraissement est considéré comme un placement avantageux du lait ; c'est ainsi qu'on obtient la chair de veau de première qualité. Quand les veaux sont sevrés, on les place dans une bonne pâture avec les vaches ou les bœufs.

743. Y a-t-il aussi avantage à engraisser les vaches ?

Oui, quand elles sont devenues trop vieilles pour donner des veaux et du lait en quantité suffisante ; mais il ne faut pas attendre qu'elles aient perdu leurs dents.

744. Quel accident produit parfois le fourrage vert ?

Quand ce fourrage est mouillé ou que les bêtes en mangent en trop grande quantité, elles sont *météorisées*, c'est-à-dire que leur panse se gonfle beaucoup et que leurs flancs se relèvent, surtout du côté gauche.

745. Comment guérit-on cet accident ?

On fait prendre à l'animal de l'eau à laquelle on ajoute un peu d'ammoniaque ou d'eau de chaux. Si cela ne suffit pas, on perce la panse, du côté gauche, avec un couteau pointu ou mieux un trocart.

LIX. Mouton.

746. Dans quel cas l'élevage des bêtes ovines est-il avantageux ?

C'est surtout dans les localités où se trouvent de vastes pâturages dont l'herbe convient à ces animaux et qui ne peuvent être soumis à des cultures plus productives.

747. Quelles sont les conditions essentielles à réaliser ?

Le mouton a besoin, pour prospérer, d'un pâturage sec en été, et d'une nourriture de choix durant l'hiver.

748. Quelles sont les races ovines les plus estimées ?

Ce sont, parmi les races françaises : les moutons de Gex, Champenois, Flamands, mérinos, Bretons, Ardennais, Limousins, Solognots ou Berrichons; et, parmi les races étrangères : les moutons mérinos purs, Saxons, Australiens et Anglais (Dishley et Southdown).

749. Parlez-nous des habitations des moutons.

Il y en a de deux sortes : les unes permanentes, dites *bergeries*, les autres temporaires, appelées *parcs*.

750. En quoi consiste la bergerie ?

La bergerie est un bâtiment clos et couvert, réalisant d'ailleurs toutes les conditions générales que doivent réunir les habitations des animaux domestiques. On trouve néanmoins quelquefois des bergeries couvertes mais non closes, qu'on désigne sous le nom particulier de *hangars*.

751. Comment donne-t-on la nourriture aux moutons ?

On emploie les *râteliers*, pour la paille et le foin non coupés; les *auges*, pour les racines, les grains, les tourteaux et autres aliments ; ou bien les *crèches*. qui présentent à la fois les avantages de l'auge et du râtelier.

752. En quoi consiste le parc ?

Le parc est une clôture mobile, formée de claies légères et portatives, placées de manière à circonscrire sur un champ un espace plus ou moins grand dans lequel le troupeau passe la nuit.

753. Quel est le meilleur mode d'élevage des moutons?

Le pâturage est le meilleur en principe et devrait **avoir** la préférence ; mais le climat force souvent l'éleveur **à** recourir à la stabulation.

754. En quoi consiste la nourriture des moutons?

Elle se compose de fourrages frais ou secs. Ces derniers se donnent en toute saison. En hiver, les fourrages frais sont remplacés par les tourteaux, et surtout par les racines, qu'on a soin de couper en tranches minces.

755. Que faut-il observer lors de l'agnelage?

Le berger doit veiller à ce que tous les agneaux tettent; ce qui est assez difficile, car il est des brebis qui se laissent téter indifféremment par tous les agneaux, et d'autres qui d'abord ne veulent pas du tout se laisser téter.

756. Quels sont les principaux produits des bêtes ovines?

Ce sont : la *chair*, qui est un aliment excellent; le *lait*, employé surtout pour faire des fromages ; la *graisse*, avec laquelle on fabrique le suif; la *peau*, utilisée par les tanneurs ; et enfin, la *toison*, base de l'industrie des laines.

757. Comment recueille-t-on ce dernier produit?

La tonte a lieu en mai ou juin, suivant la température. Après que la toison a été détachée à l'aide de cisailles, il est bon de la laver, ce qui vaut beaucoup mieux que le lavage à dos généralement usité.

LX. Cochon.

758. Parlez-nous du *cochon* ou *porc.*

Le cochon joue un rôle assez important en agriculture; il constitue une ressource pour les petits ménages,
et peut aussi être l'objet d'une spéculation avantageuse.

759. Quelles sont les meilleures races de cochons?

Ce sont, parmi les races françaises : les cochons
Craonnais ou de la Mayenne, Normands, Bretons, Lor-
rains, Périgourdins et Navarrins; et, parmi les races
étrangères : les cochons de Hampshire, Tonquins et Na-
politains.

Fig. 12. Auge circulaire.

760. Que faut-il observer dans les porcheries ?

Le sol des porcheries ou loges à porcs doit être pavé
et offrir une pente suffisante pour l'écoulement des eaux;
l'auge est placée dans un coin ou au dehors (fig. 12).

761. Est-il vrai que le cochon se plaise dans la saleté ?

C'est une opinion trop répandue, mais complètement
fausse. Le cochon aime, il est vrai, à se vautrer dans la

boue, mais il n'y recherche que l'humidité. Il est bon, au contraire, de le tenir proprement, de le faire baigner ou de le laver souvent dans l'eau claire, de nettoyer sa loge ou son toit, et de renouveler fréquemment sa litière.

762. Comment nourrit-on le cochon ?

Cet animal est omnivore et mange à peu près tout ce qu'on lui donne ; aussi peut-on utiliser ainsi beaucoup d'objets qui ne coûtent rien et qu'on laisserait perdre : les débris de cuisine, les eaux grasses, les matières végétales ramassées dans les champs, les graines et les racines avariées, etc.

763. Comment faut-il distribuer cette nourriture ?

Il faut la lui donner à des heures régulières, et assez chaque fois pour satisfaire son appétit. Il faut aussi le faire boire souvent, car la soif l'amaigrit.

764. Qu'est-ce que le *panage* ?

Le panage consiste à conduire les porcs dans les forêts, où ils mangent les glands, les faînes, les châtaignes et les autres fruits sauvages, ce dont ils se trouvent très bien.

765. Qu'est-ce que la *glandée* et la *faînée* ?

La glandée et la faînée consistent à ramasser dans les bois les glands et les faînes, que l'on conserve comme provisions d'hiver pour les cochons.

766. Comment nourrit-on les *gorets* ou petits cochons ?

On les laisse téter pendant trente à quarante jours, après quoi on les sèvre peu à peu.

767. Quand commence-t-on à engraisser le cochon ?

On attend qu'il soit âgé d'un an environ ; l'engraissement dure trois à six mois, et l'animal atteint alors un poids considérable.

768. Comment le nourrit-on pendant l'engraissement ?

On lui donne alors des aliments plus choisis ; des

pommes de terre ou des racines cuites, des choux bouillis, de l'orge ou du son, du gland ou des châtaignes, du petit lait, des eaux grasses, et on achève avec de la farine de sarrasin ou du maïs. On a remarqué que l'engraissement est plus rapide si on laisse un peu aigrir les aliments.

769. Quels sont les produits du cochon ?

Ils se résument dans ce proverbe populaire : « Tout en est bon, depuis les quatre pieds jusqu'à la tête. »

LXI. Chèvre, Lapin.

770. Parlez-nous de la *chèvre* ou *bique*.

La chèvre, par son organisation, se rapproche beaucoup de la brebis ; mais elle s'en éloigne par son naturel, qui est vif, pétulant, capricieux et vagabond.

771. Quelles sont les principales races de chèvres ?

Ce sont, outre la race commune : les chèvres des Pyrénées, de Barbarie, du Levant, d'Angora et de Cachemire.

772. Comment élève-t-on la chèvre ?

Dans les pays de montagnes, où l'on en a souvent de grands troupeaux, on les mène dans les pacages. Dans les pays de plaines, la chèvre est peu répandue, et on la garde le plus souvent à l'étable, à cause du tort qu'elle fait en broutant les bourgeons et les jeunes rameaux des arbres.

773. Quelle est la nourriture de la chèvre ?

La chèvre n'est pas difficile à nourrir : de l'herbe en été, du foin et des feuilles sèches en hiver, des racines, des pommes de terre, des choux, des épluchures de légumes, etc. Aussi dit-on que la chèvre est la vache du pauvre, et un proverbe ajoute : Jamais chèvre ne mourut de faim.

774. Quels sont les produits de la chèvre ?

La chèvre est surtout précieuse par son lait, qui est excellent en nature, et dont on fait aussi des fromages très estimés. Sa chair n'est bonne que si elle a été salée; celle des jeunes chevreaux est bien meilleure. La peau de chèvre sert à faire des maroquins ; la graisse est transformée en suif, et le poil entre dans la confection des étoffes et des tapis.

775. Quel est le rôle du *lapin* en agriculture?

Le lapin sauvage est un fléau pour les végétaux cultivés ; le lapin domestique, au contraire, est une ressource pour le ménage, et peut même, si on l'élève en grand, produire un certain bénéfice.

776. Comment élève-t-on le lapin ?

On peut le faire de deux manières: dans des garennes, et dans des clapiers ou même dans de simples caisses.

777. Qu'est-ce qu'une *garenne* ?

On distingue la garenne libre, qui est un canton simplement gardé, et la garenne close, espace de terrain entouré par un mur, un fossé, ou une palissade.

778. Qu'est-ce qu'un *clapier* ?

C'est une construction plus ou moins grande, et ordinairement divisée en compartiments.

779. Que faut-il pour que les lapins produisent beaucoup ?

Il faut qu'ils soient tenus sèchement, séparés les uns des autres et nourris convenablement.

780. En quoi consiste leur nourriture ?

Elle se compose surtout de débris ou épluchures de légumes. On y ajoute, en été, des feuilles de carottes, du persil, de la chicorée sauvage, de la pimprenelle, et, en hiver, des pommes de terre, des racines, du son, des grains, etc. Il faut donner peu de choux, et rejeter toute herbe mouillée.

781. Quelle est la qualité de la chair des lapins ?

Celle des lapins de garenne est très estimée. Celle des lapins de clapier est moins savoureuse ; mais elle acquiert beaucoup de qualité, si, quelques jours avant de les tuer, on leur fait manger du genièvre ou des plantes aromatiques.

LXII. Basse-cour.

782. Qu'est-ce que la basse-cour ?

La basse-cour est une partie de l'habitation rurale, comprenant un enclos découvert et les bâtiments annexes nécessaires, et destinée particulièrement à l'éducation de la volaille. C'est à la fois un agrément, une ressource et souvent un revenu pour le cultivateur.

783. Parlez-nous d'abord des *poules*.

La poule est le plus utile de tous les oiseaux de basse-cour ; confiée aux soins d'une ménagère intelligente, elle coûte peu à nourrir et rapporte beaucoup.

784. Comment nourrit-on ces volatiles ?

La poule, laissée en liberté dans la basse-cour, trouve à se nourrir avec les grains qu'elle picore à terre, dans les criblures, les tas de fumier, etc. Quand cela ne suffit pas, on lui donne du son, des graines avariées ou peu coûteuses, des épluchures, etc.

785. Quels sont les produits de la poule ?

Une poule bien nourrie pond tous les ans un grand nombre d'œufs. Si elle a reçu l'approche du coq, ces œufs, mis à couver, produisent des poulets, dont on peut faire plus tard, suivant leur sexe, des chapons ou des poulardes.

786. Parlez-nous maintenant du *dindon*.

Le dindon ou coq-d'Inde, originaire de l'Amérique, est un peu délicat dans sa jeunesse. Plus tard, il devient robuste, et n'aime pas à être renfermé. On conduit souvent le dindon en troupes dans les champs, où il se nourrit d'herbe, de grains, d'insectes et de vers. On lui donne des glands, des châtaignes, des noix, etc. Sa chair est savoureuse et nourrissante.

787. Quels sont les autres oiseaux gallinacés, ou plus ou moins voisins de la poule, qu'on élève dans les basses-cours ?

Ce sont : le paon, la pintade et le faisan ; mais ces oiseaux exigent plus de soins et de dépenses, et ne conviennent guère qu'aux riches amateurs.

788. Comment divise-t-on les *pigeons* ?

On distingue les pigeons domestiques, qui vivent toujours au colombier ; et les pigeons bisets ou fuyards, qui vont, durant les beaux jours, chercher leur nourriture dans les champs.

789. Y a-t-il avantage à élever des pigeons ?

En général, cette élève est peu ou point avantageuse ; car les pigeons domestiques coûtent cher à nourrir, et les pigeons fuyards causent de grands dégâts dans les cultures.

790. Parlez-nous maintenant du *canard*.

Le canard s'élève à peu près comme la poule ; mais il est très vorace et réclame une nourriture plus abondante. De plus, il lui faut une petite mare, à défaut d'eau courante, où il puisse barboter et se baigner. Les œufs sont aussi bons que ceux de la poule ; mais en général on les réserve pour les faire couver. Le canard est un mets estimé.

791. Quel est l'avantage de l'élève des *oies*?

L'oie donne un produit important, soit par sa chair, soit par son duvet. On l'élève à peu près comme le canard. Dans certains pays, on se contente d'acheter des oies après la moisson, et on les mène paître dans les champs.

792. Quel soin faut-il prendre pour les oies qui pondent?

Comme les oies déposent leurs œufs de tous les côtés, il faut qu'elles soient enfermées au moment de la ponte.

LXIII. Poissons.

793. Y a-t-il des poissons domestiques?

On peut considérer comme tels ceux que l'on conserve dans les étangs, les viviers, les mares, les ruisseaux, etc., où ils croissent et se multiplient.

794. Quelles précautions faut-il prendre avant d'empoissonner un étang?

Il faut d'abord y propager les plantes aquatiques, qui fournissent un abri à tous les poissons et la nourriture aux espèces herbivores; il faut ensuite multiplier celles-ci pour nourrir les poissons carnivores.

795. Est-il nécessaire que l'eau se renouvelle?

Beaucoup de poisssons peuvent vivre dans une eau isolée et stagnante; mais les résultats sont bien meilleurs si l'étang est alimenté par un ruisseau, à moins qu'on n'ait fait rouir dans celui-ci du chanvre ou du lin.

796. Parlez-nous de la *carpe.*

La carpe est le poisson qui prospère le mieux et qu'on propage le plus dans les étangs; on l'a surnommée *la reine des étangs.* Elle s'y multiplie beaucoup, grossit vite et arrive à une grande taille. C'est d'ailleurs un bon aliment.

797. Dites-nous un mot de la *tanche*.

La tanche est moins avantageuse à élever que la carpe; il lui faut beaucoup plus d'espace pour croître, et sa chair est de qualité inférieure. Mais elle a l'avantage de pouvoir vivre à peu près dans toutes les eaux.

798. Quelles particularités présente l'*anguille*?

L'anguille ne se reproduit pas dans les eaux douces de l'intérieur. On trouve, au printemps, à l'embouchure des fleuves, un grand nombre de petites anguilles, appelées *montée*, qu'on peut transporter dans les étangs et les viviers, où elles continuent à grossir.

799. Parlez-nous maintenant de la *perche*.

La perche aime les eaux profondes et pures, mais elle peut vivre dans les étangs les plus vaseux. Toutefois, comme elle est très vorace, il faut l'éloigner des eaux où il y a beaucoup d'alevin ou jeune poisson. Sa chair est très estimée.

800. Que remarquez-vous à propos du *brochet*?

Le brochet, par sa voracité, est le fléau des étangs; aussi, malgré la haute qualité de sa chair, s'abstient-on de le propager, à moins de lui consacrer un vivier spécial, où il trouve beaucoup de poisson blanc.

801. Qu'appelez-vous *poisson blanc* ou *blanchaille*?

On appelle ainsi des poissons, la plupart de petite taille, qui se nourrissent d'herbe ou de vers, et servent à leur tour d'aliment aux gros poissons; tels sont : l'ablette, le meunier, le goujon, le vairon, la loche, la vandoise, etc.

802. Quels sont les autres poissons qu'on peut élever dans les étangs ou viviers?

Ce sont : l'alose, le barbeau, la brême, le cyprin doré ou poisson rouge, la lamproie. le saumon, la truite, etc.;

mais ces derniers vivent mieux dans les eaux courantes.

803. Qu'est-ce que l'*épinoche* ou *savetier* ?

L'épinoche est un petit poisson, très curieux par ses mœurs, mais sans utilité, et très nuisible dans les étangs, où il détruit beaucoup de jeunes poissons.

LXIV. Abeilles.

804. Quelle est l'utilité des *abeilles* ou *mouches à miel* ?

L'élève des abeilles est avantageuse dans les grandes et les petites exploitations rurales, car elles donnent des produits sans coûter pour ainsi dire rien à nourrir ; il suffit de leur fournir une fois pour toutes le logement.

805. Comment loge-t-on les abeilles ?

L'habitation, qui porte le nom de *ruche*, est une sorte de petite hutte, surmontée d'un toit. Sa forme varie, ainsi que la matière qui la compose ; on fait des ruches en paille, en osier, en écorces, en liège, en bois, etc.

806. Qu'est-ce que le *rucher* ?

Le rucher est un espace de terrain, ordinairement clos, souvent couvert, où sont réunies les ruches ; il doit être dans un endroit sec, exposé au soleil, abrité des vents du nord, et éloigné des usines, des marais et des tas de fumier.

807. Qu'appelle-t-on *colonie* et *essaim* ?

La colonie est la réunion des abeilles qui habitent une ruche. Lorsqu'un certain nombre d'entre elles s'en séparent pour aller fonder une nouvelle colonie, elles constituent un essaim.

808. Y a-t-il plusieurs sortes d'abeilles dans une colonie ?

On en distingue trois sortes : la *reine* ou *mère-abeille*, la plus grande de toutes ; les *mâles* ou *faux-bourdons*, au nombre d'un millier, de taille moyenne, dépourvus d'aiguillon et qui bourdonnent en volant ; les *ouvrières* ou *neutres*, les plus petites de toutes, et dont le nombre varie de quinze à trente mille.

809. Quelles sont les fonctions de ces trois sortes d'abeilles ?

La reine ou mère est uniquement destinée à propager l'espèce ; les mâles, à rendre la mère féconde. Les ouvrières se subdivisent en *cirières*, qui vont butiner sur les plantes, et en *nourrices*, qui travaillent à l'intérieur de la ruche et gardent le *couvain* ou la progéniture.

810. Quel est le premier soin des abeilles ouvrières ?

Elles commencent par boucher toutes les ouvertures inutiles, en se servant pour cela de *propolis*, sorte de colle résineuse, qu'elles vont ramasser sur certaines plantes, et qu'elles emploient aussi pour fixer les gâteaux à la partie supérieure de la ruche.

811. Comment sont faits les gâteaux d'abeilles ?

Ces gâteaux sont composés de cire et creusés d'alvéoles ou cellules hexagones ou à six pans, dans l'intérieur desquelles est déposé le miel.

812. Comment récolte-t-on les produits des abeilles ?

Pour se préserver des piqûres, on met un masque et des gants, ou bien on fait pénétrer de la fumée dans les ruches, pour étourdir les abeilles. On enlève alors les gâteaux, en ayant soin d'en laisser assez pour nourrir la colonie en hiver.

813. Comment extrait-on le miel des gâteaux ?

On brise ces gâteaux, et on les met sur des tamis ; le miel qui s'écoule ainsi est appelé *miel vierge*. On soumet ensuite ces gâteaux à la pression ou à une douce chaleur, pour obtenir du miel de seconde qualité.

814. Comment obtient-on la cire?

Les gâteaux, entièrement privés de miel, ne contiennent plus que de la cire; il suffit alors de les faire fondre et de couler la matière dans des moules. Quand la cire est refroidie, on peut la livrer au commerce.

LXV. Ver à soie.

815. Qu'est-ce que le *ver à soie*?

Le ver à soie, appelé *magnan* dans le midi de la France, est la chenille d'un papillon de nuit, le bombyx du mûrier, originaire de la Chine.

816. Qu'est-ce qu'une *magnanerie*?

C'est le bâtiment dans lequel on élève les vers à soie; ce bâtiment doit être grand, très propre et bien aéré.

817. Comment élève-t-on les vers à soie?

Il faut avant tout planter des mûriers, s'il n'y en a pas dans le voisinage, car la feuille de cet arbre est la seule nourriture du ver. Au printemps, on fait éclore la *graine* ou les œufs de ver à soie.

818. Peut-on faire éclore ces œufs à un moment donné?

Oui, car il est facile de retarder ou de hâter leur éclosion; il suffit pour cela de les soumettre à une température plus froide ou plus chaude.

819. Quel est le moment à choisir pour cette éclosion?

C'est le moment où les bourgeons de mûrier s'ouvrent et où les jeunes feuilles commencent à paraître.

820. Que se passe-t-il quand les œufs éclosent?

Il en sort de très petits vers, qui grossissent peu à peu pendant toute la durée de leur vie sous cet état, environ trente-cinq jours; pendant ce temps, ils subis-

8

sent quatre mues, à chacune desquelles ils changent de peau et redoublent d'appétit.

821. Quels soins exige l'éducation du ver?

Il faut le tenir très proprement, lui donner le plus souvent possible des feuilles fraîches, mais non humides, et enlever les débris des anciennes, qui sont souillées par les excréments.

822. Qu'arrive-t-il au terme de l'existence du ver?

Il fait sortir par la bouche un fil de soie très long et très mince, qui, retourné sur lui-même un grand nombre de fois, constitue un cocon en forme d'œuf, dans l'intérieur duquel le ver se change en chrysalide. Il reste alors immobile et comme privé de vie.

823. Que se passe-t-il ensuite?

Au bout de douze à quinze jours, la chrysalide se change en un papillon d'un blanc grisâtre, qui sort du cocon, en perçant une de ses extrémités.

824. Que font les papillons sortis du cocon?

Les deux sexes se recherchent et s'accouplent, et les femelles ne tardent pas à pondre leurs œufs; tous les papillons meurent au bout d'une quinzaine de jours.

825. Comment peut-on recueillir et conserver les œufs?

En plaçant les papillons sur des morceaux d'étoffe, où les œufs se trouvent comme collés après la ponte.

826. Laisse-t-on tous les papillons sortir du cocon?

Non, on n'agit ainsi que pour ceux, en petit nombre, qui doivent donner la graine. les cocons percés ne pouvant pas se dévider ou se défiler.

827. Comment fait-on pour les autres?

On *étouffe* les cocons, en les exposant à une chaleur assez forte pour faire périr l'insecte; de cette manière, le fil de soie est entier, et se dévide aisément.

LXVI. Animaux auxiliaires.

828. Qu'appelle-t-on *animaux auxiliaires*?

On désigne souvent sous ce nom ceux qui apportent en quelque sorte une aide ou un secours au cultivateur, surtout pour la conservation des récoltes.

829. Comment expliquez-vous cette aide ou ce secours?

Parmi les animaux carnassiers, c'est-à-dire qui se nourrissent d'autres animaux, il en est beaucoup qui détruisent les espèces nuisibles aux plantes cultivées, aux provisions de bouche, aux objets de ménage, etc.

830. Citez quelques exemples parmi les *mammifères*.

Outre le chien, dont nous avons déjà parlé, on peut citer le chat, le furet, le hérisson, les musaraignes, les chauves-souris, qui font une guerre acharnée aux rats, aux mulots, aux lapins et autres rongeurs, ainsi qu'aux insectes et à leurs larves.

831. Que nous direz-vous de la *taupe*?

La taupe, en thèse générale, est un animal utile dans les grandes cultures; elle détruit les hannetons et d'autres insectes, ainsi que les vers blancs, les lombrics ou vers de terre, etc. Toutefois, dans les jardins, les pépinières ou les prairies, elle peut devenir nuisible, en bouleversant le sol ou les semis.

832. Parlez-nous maintenant des *oiseaux*.

A l'exception des grands oiseaux de proie et de ceux qui se nourrissent exclusivement de fruits ou de grains, les oiseaux, en général, sont d'une haute utilité.

833. Fait-on bien de détruire les *chouettes* et les *hiboux*?

Non, car ces animaux, qui ne nous causent aucun mal, sont des ennemis redoutables pour les rats, les mulots, les souris, et surtout pour les chenilles. Si on tue ces oiseaux dans les campagnes, pour clouer leur corps aux portes des granges, c'est par suite d'un préjugé aussi absurde que barbare.

834. Que direz-vous du *pic*, du *corbeau*, du *moineau*?

Ces oiseaux, et quelques autres qui se trouvent dans le même cas, nous rendent des services, qui sont trop souvent balancés par les dégâts qu'ils commettent. Mais, en somme, ils font plus de bien que de mal.

835. Dites-nous un mot des *becs-fins*.

Les becs-fins, qu'on appelle aussi chanteurs, comprennent : la fauvette, le rossignol, le rouge-gorge, le pouillot, les mésanges, le roitelet, le troglodyte, etc. Ce sont en général de petits oiseaux, qui mangent beaucoup d'insectes, de chenilles et de vers. Il ne faut pas détruire leurs nids, comme on le fait trop souvent dans les campagnes.

836. Quel est le rôle des *reptiles*?

Tous les reptiles nous rendent de grands services, en détruisant les insectes et les vers. Les salamandres, le crapaud lui-même, malgré le dégoût qu'ils inspirent, méritent plutôt notre protection que notre haine. La vipère seule fait exception, et il faut la détruire, parce qu'elle est venimeuse.

837. Que nous direz-vous des *insectes*?

Il y a aussi dans cette classe un grand nombre d'espèces carnassières et très utiles, par la guerre acharnée qu'elles font aux espèces nuisibles. Nous citerons, entre autres, les carabes ou jardiniers, les sycophantes, les cicindèles, les staphylins, les coccinelles ou bêtes à bon Dieu, les ichneumons, etc.

838. Que faut-il observer à l'égard de ces insectes utiles?

Il faut apprendre à les connaître, afin de ne pas les détruire indistinctement comme les autres, mais de les protéger, et même de les propager quand on le peut.

839. Que pensez-vous des *araignées?*

Les araignées sont en général des animaux répugnants; on ne les tolère pas dans les habitations. Dans les champs, elles sont utiles, parce qu'elles détruisent les mouches et d'autres espèces incommodes.

LXVII. Animaux nuisibles.

840. Quels sont les animaux nuisibles en agriculture ?

Ce sont ceux qui attaquent, tourmentent ou tuent les animaux domestiques, rongent ou détruisent les récoltes sur pied ou en grange, les provisions de ménage, les bois, les étoffes et en général les objets conservés dans les fermes et les habitations.

841. Quels sont les moyens à employer pour s'en préserver, pour les détruire, ou pour en diminuer le nombre?

Suivant la taille et la manière de vivre des espèces, on emploie les clôtures, la chasse, les pièges, les appâts empoisonnés, et surtout la conservation et la propagation des espèces auxiliaires.

842. Quels sont les mammifères les plus nuisibles ?

Ils appartiennent aux carnassiers et aux rongeurs.

843. Qu'appelez-vous *carnassiers ?*

Ce sont des animaux qui se nourrissent de chair et par suite deviennent dangereux pour les troupeaux et les basses-cours ; tels sont : le loup, le renard, le putois, la fouine, la belette, la loutre, etc.

844. Qu'appelez-vous *rongeurs* ?

Ce sont des animaux qui rongent et dévorent les substances végétales, et nuisent ainsi beaucoup aux cultures; tels sont : les rats, la souris, les campagnols, les mulots, les loirs, les lapins, etc.

845. Quels sont les oiseaux les plus malfaisants ?

Nous citerons d'abord les grands oiseaux de proie, tels que : le milan, le faucon, la buse, l'épervier, etc., qui sont des ennemis dangereux pour nos petits animaux domestiques et particulièrement pour les oiseaux de basse-cour.

846. Quels sont les autres oiseaux nuisibles à l'agriculture ?

Ce sont les espèces *frugivores* ou *granivores*, c'est-à-dire qui se nourrissent de fruits ou de graines ; tels sont, entre autres : les étourneaux, les grives, le bec-croisé, la pie, les pigeons fuyards et les pigeons sauvages, les tétras, les cailles, les perdrix, etc.

847. Certains oiseaux n'ont-ils pas une nourriture différente aux diverses époques de leur existence ?

Oui, il en est qui se nourrissent, tantôt d'insectes, de vers, de limaçons ou autres petits animaux, tantôt de fruits, de graines, de bourgeons ou d'autres substances végétales. Tels sont : les merles, les loriots, les alouettes, les bruants, le moineau, etc.

848. Est-il nécessaire de détruire ces dernières espèces ?

Cela n'est pas toujours nécessaire ; il suffit le plus souvent, quand ils deviennent trop nuisibles, de les éloigner des cultures, à l'aide d'épouvantails ou par d'autres moyens. D'ailleurs, les chasseurs en diminuent beaucoup le nombre.

849. N'y a-t-il pas aussi des espèces nuisibles parmi les animaux inférieurs ?

Oui, on peut citer, entre autres, les limaces et les colimaçons, les lombrics ou vers de terre, les cloportes, les scorpions, les scolopendres, et surtout les insectes.

LXVIII. Insectes nuisibles.

850. Que remarquez-vous au sujet des *insectes* ?

Les insectes, en sortant de l'œuf, présentent d'abord la forme d'un ver ; on les appelle alors *larves* ou chenilles. Au bout d'un temps plus ou moins long, la larve se transforme en *nymphe*, puis en insecte parfait.

851. Quelles sont les causes qui rendent les insectes ou leurs larves plus particulièrement nuisibles ?

Ce sont d'abord leur nombre considérable et leur prodigieuse multiplication ; puis leur petite taille et l'agilité de la plupart d'entre eux, qui leur permettent d'échapper aux recherches et rendent insuffisants les moyens ordinaires de destruction.

852. Dites-nous un mot du *hanneton* ?

Le hanneton ronge les feuilles des arbres, et sa larve, appelée *ver blanc*, détruit les racines des végétaux.

853. De quelle nature sont les dégâts des *charançons* ?

Les charançons s'établissent dans l'intérieur des graines du blé ou d'autres végétaux, dont ils détruisent toute la partie farineuse ou alimentaire.

854. Parlez-nous des *courtilières* et des *sauterelles*.

La courtilière ou taupe-grillon vit, comme la taupe, dans des galeries souterraines, et ronge les racines des plantes. Les sauterelles ravagent les céréales et les plantes fourragères.

855. Comment se comportent les *guêpes* et les *fourmis* ?

Elles attaquent les végétaux, surtout les fruits mûrs.

856. Dites-nous un mot des *punaises*.

Outre l'espèce qui est si commune dans les lits et les vieilles boiseries, il y a de nombreuses espèces répandues sur les plantes, dont elles pompent les sucs et qu'elles font ainsi périr.

857. Qu'appelle-t-on *pucerons, tigres, kermès*, etc.

Ce sont des insectes de très petite taille, qui infestent les arbres fruitiers ou les plantes potagères et autres.

858. Comment les *papillons* nuisent-ils aux végétaux ?

Les papillons eux-mêmes sont peu ou point nuisibles ; mais il n'en est pas de même de leurs larves ou chenilles, qui attaquent un grand nombre de matières végétales ou animales.

859. Qu'est-ce que l'*echenillage* ?

L'échenillage est une opération qui consiste à rechercher et à détruire les chenilles, qui, sans cela, rongeraient les feuilles et les fleurs des arbres fruitiers.

860. Quels sont les inconvénients des *mouches* ?

Les mouches, outre leur importunité, attaquent et font gâter les fruits, les viandes, les fromages, etc.

861. Qu'appelle-t-on insectes *parasites* ?

On désigne sous ce nom ceux qui vivent sur le corps même et aux dépens de l'homme ou des animaux ; tels sont : les poux, les ricins, les puces, les tiques, etc.

862. Sont-ce là les seuls insectes nuisibles ?

Nous avons dû nous borner à signaler les principaux ; il y en a encore tant d'autres que la seule énumération en deviendrait beaucoup trop longue.

FIN

TABLE

PREMIÈRE PARTIE

SOLS

DEUXIÈME PARTIE

PLANTES

TROISIÈME PARTIE

ANIMAUX

FIN DE LA TABLE

Les figures dont cet ouvrage est orné sont dues à l'obligeance de MM. Peltier jeune et Pilter, constructeurs de machines et instruments d'Agriculture, à Paris.

Paris. — Imp. Vve P. Larousse et Cie, rue Montparnasse, 19.

CARTES MURALES

DRESSÉES PAR J.-L. SANIS.

1° MAPPEMONDE PHYSIQUE ET POLITIQUE, avec les principales figures servant à la démonstration de la COSMOGRAPHIE.

Prix, en 2 feuilles grand-monde coloriées. . . . . 6 fr.
Montée sur toile, avec gorge et rouleau, vernie. 15 fr.
(Dimensions : 1ᵐ,80 de largeur sur 1ᵐ,20 de hauteur.)

2° EUROPE PHYSIQUE ET POLITIQUE.

Prix, en feuilles coloriées . . . . 5 fr.
Montée sur toile, avec gorge et rouleau, vernie. 10 fr.
(Dimensions : 1ᵐ,30 de largeur sur 1ᵐ,10 de hauteur.)

3° FRANCE PHYSIQUE, POLITIQUE ET INDUSTRIELLE, et Pays limitrophes.

Prix, en feuilles coloriées . . . . 5 fr.
Montée sur toile, avec gorge et rouleau, vernie. 10 fr.
(Dimensions : 1ᵐ,20 de largeur sur 1ᵐ,10 de hauteur.)

Cette même Carte, tirée en chromolithographie, les eaux en bleu et le reste en couleurs variées, se vend en feuilles, 6 fr. 50 c., et montée, 11 fr. 50.

Exécution claire, gravure soignée, riche coloris, telles sont les qualités qui distinguent cette nouvelle série de cartes murales scolaires.

TABLEAU SYNOPTIQUE

DES POIDS ET MESURES MÉTRIQUES

DESSINÉS D'APRÈS NATURE PAR L. GRIMELOT.

Prix, en deux feuilles grand-monde coloriées . . . 6 fr.
Monté sur toile avec gorge et rouleau. . . . . . . 15 fr.
(Dimensions : 1ᵐ,80 de largeur sur 1ᵐ,20 de hauteur.)

Ce nouveau tableau se recommande par le groupement méthodique des objets, tous représentés de grandeur naturelle ; ce qui lui donne, sur la plupart des travaux du même genre, l'avantage de ne pas fausser l'esprit des élèves.

Les unités effectives : MÈTRE, ARE, STÈRE, LITRE, GRAMME, FRANC, sont placées sur une même ligne verticale, ayant d'un côté leurs multiples et de l'autre leurs sous-multiples, seule disposition rationnelle.

N. B. — Indiquer la gare la plus proche, les dimensions de ces Cartes murales ne permettant pas de les expédier par la poste.

Envoi franco au reçu d'un mandat ou de timbres-poste.